职业教育建筑类专业"互联网+"创新教材

建筑装饰CAD
（中望版）

主　编　杨　茜　姚　鹏

副主编　齐　哲　王　静　李吉曼

参　编　李鸿祥　申帅奇　陈浩泽

　　　　韩　毅　殷欣磊

主　审　张新峰

机械工业出版社

本书为中望建筑CAD教育版学习使用教材，从轴网、柱子、墙体的制作到立剖面的生成和家具的布置，再到实例别墅建筑图和书吧装饰设计图的制作方法，内容由浅入深，循序渐进。

本书共分为两篇。第1篇为建筑绘图技能操作，按照初学者的学习习惯介绍了软件的基本操作，按建筑结构和作图顺序逐一讲解制作方法；第2篇为建筑实例，分别从建筑图和装饰图两个方面讲解了制作方法和不同的侧重点，帮助读者综合运用所学知识，积累实战经验。

本书可作为大中专院校建筑类专业教材，也可作为装饰公司培训教材。因为编写时得到中望公司授权，并有中望公司技术人员全程参与编写，教材在应对CAD技能大赛方面也有不可忽视的作用。

为方便使用，本书配有二维码微课视频，使用手机扫描二维码即可观看各技能的讲解内容。同时，本书还配有电子课件及相关资源，凡使用本书作为教材的教师可登录机械工业出版社教育服务钢 www.cmpedu.com 注册下载。机工社职教建筑群（教师交流QQ群）：221010660。咨询电话：010-88379934。

图书在版编目（CIP）数据

建筑装饰CAD：中望版/杨茜，姚鹏主编. —北京：机械工业出版社，2022.7（2025.1重印）

职业教育建筑类专业"互联网+"创新教材

ISBN 978-7-111-70366-2

Ⅰ.①建… Ⅱ.①杨… ②姚… Ⅲ.①建筑装饰-建筑制图-计算机辅助设计-AutoCAD软件-职业教育-教材 Ⅳ.①TU238-39

中国版本图书馆CIP数据核字（2022）第041842号

机械工业出版社（北京市百万庄大街22号 邮政编码100037）
策划编辑：沈百琦 责任编辑：高凤春 沈百琦
责任校对：张 征 王 延 封面设计：马精明
责任印制：张 博
北京建宏印刷有限公司印刷
2025年1月第1版第2次印刷
184mm×260mm·14印张·239千字
标准书号：ISBN 978-7-111-70366-2
定价：59.90元

电话服务   网络服务
客服电话：010-88361066   机 工 官 网：www.cmpbook.com
        010-88379833   机 工 官 博：weibo.com/cmp1952
        010-68326294   金 书 网：www.golden-book.com
封底无防伪标均为盗版   机工教育服务网：www.cmpedu.com

前 言

CAD 作为广泛推广的一款软件，受到大家的喜欢。本书主要介绍"中望建筑 CAD 教育版 2019"软件，这是一款由中望公司开发的，针对建筑行业的软件。本书采用了边讲边练、工学结合的教学方式，教学内容与常用的实际施工情况紧密连接，结合微课视频讲解，简化操作步骤，降低操作难度，更适用于零基础入门的学员和职业院校教学。在编写过程中，编者用简洁的叙述和操作，手把手教学，让学生更容易上手操作，体现了"学生为主体，教师为主导"的教学理念。本书知识框架清晰，知识点通俗易懂，并将德育教育融入教学常规之中。本书具有特色如下：

1. 体例创新——模块化教学，使用更具人性化

本书采用自定义对象技术，以建筑构件作为基本设计单元，具有人性化、智能化、参数化、可视化特征，集二维工程图、三维表现和建筑信息于一体。全书分为建筑绘图技能操作和建筑实例两部分，详细讲解了本软件的使用方法。在建筑实例部分融入了真实案例，将基础命令的使用进行专业整合，使装饰专业人员能够更清楚地了解软件在装饰制图中的使用方法，以帮助其进行实际操作。书中采用项目教学模式，模块化训练和实例训练相结合，内容丰富、技术实用、讲解清晰，兼具技术手册和应用技巧参考手册的特点。

2. 立体开发——符合"互联网+职业教育"发展需要

本书配有 21 个微课视频，按照施工顺序详细讲解操作步骤，扫描二维码即可观看，不受空间、时间的限制。

3. 赛课融通——对接大赛内容，结合企业实际岗位需求

书中各技能点紧跟大赛考核点，结合企业实际岗位的工作内容、技术技能、工艺流程等新要求，实现技能大赛相关标准与职业院校的专业课程标准的互动发展，旨在培养应用型、复合型、创新型的高素质技术技能人才。

4. 课程思政——融入思政元素，将德育教育融入课程

书中穿插"大国工匠"，讲述我国古代和现代建筑大师的工作作风、成果及社会影响。从多方面、多角度增加学生的学习兴趣，拓展学生的建筑知识背景，引导学生德技兼备；同时，也告诫学生严谨的工作作风、开放创新的思维模式、扎实的知识储备都是不可或缺的；强调对学生职业道德、专业素养、行为习惯的培养。

本书由石家庄城市建设学校杨茜、石家庄学院姚鹏任主编；参与编写的人员还有石家庄城市建设学校齐哲、李吉曼，石家庄金图装饰有限公司陈浩泽、韩毅、殷欣磊，河北传媒大学王静、李鸿祥，广州中望龙腾软件股份有限公司申帅奇。

由于编者水平有限，书中疏漏和不妥之处在所难免，欢迎广大读者和同行批评指正。主编邮箱：85462574@qq.com。

编　者

本书微课视频清单

序号	名称	图形	序号	名称	图形
01	中望建筑CAD与平台的关系		06	绘制墙体	
02	功能简介		07	绘制门窗	
03	使用流程		08	设计楼梯	
04	轴网设计		09	设计台阶	
05	绘制柱子		10	设计散水	

（续）

序号	名称	图形	序号	名称	图形
11	门窗标注		17	创建房间	
12	总图平面		18	家具布置	
13	文表符号		19	图案填充	
14	设计屋顶		20	图块编辑	
15	楼层框、三维组合		21	出图打印	
16	生成立剖面				

目　录

第1篇　建筑绘图技能操作

第 2 篇　建　筑　实　例

绪　论

01　中望建筑 CAD 与平台的关系

中望建筑 CAD
与平台的关系

中望 CAD 建筑版软件构建于中望 CAD+平台，是一套为建筑设计及相关专业提供的 CAD 系统。软件采用自定义对象技术，以建筑构件作为基本设计单元，具有人性化、智能化、参数化、可视化特征，集二维工程图、三维表现和建筑信息于一体。本书主要介绍"中望建筑 CAD 教育版 2019"软件的操作方法。

1）屏幕菜单、右键菜单的作用。主要体现在：屏幕左侧的快捷菜单能够帮助操作者更加快速地找到常用建筑模块自定义对象；右键快捷设计使用更方便，包含了更多编辑信息。这在后面会有详细介绍，希望读者勤加练习，熟练运用。

2）两个独立的帮助文档。如果有需要可以打开帮助文档，单击快捷键〈F1〉，或者菜单栏"帮助（H）"，可以调出关于中望 CAD 使用帮助。

使用"中望 CAD 建筑版"有疑问时，可以单击左侧菜单栏"帮助"→"建筑版帮助"，查找关于二维工程图、三维表现和建筑信息等项目解决方案。

3）图形数据的输出与转换。

4）转二维图：单击左侧菜单栏"转二维图"，可将三维模型转换为二维模型。

5）批量导出。单击左侧菜单栏"图形导出"，可以将图形导出为普通 CAD 格式，导出可选择二维视图或者三维视图，也可以与天正建筑 3.0 和天正建筑 6.0 格式兼容，导出的数据包含建筑信息，更方便使用。

单击左侧菜单栏"批量导出"。

6）自定义对象。自定义对象在软件中通过绘图，自动生成带有属性、带有建筑信息的建筑构件及布施类的对象，通过右击编辑菜单可以对其信息进行编辑和修改。

02 功能简介

1. 全局设置

一般在操作之前，通常做一个统一的初始设置，在左侧菜单栏 **功能简介** "设置"下拉菜单栏的"全局设置"的"本图设置"中，单击"出图比例"输入值为比例尺的分母，如比例尺用1∶100，就输入"100"。层高等单位用mm表示。

"用户界面"里可以设置快捷键，常用的有"使用标准右键菜单"，这是中望CAD常用的标准菜单，还有一种"使用Ctrl+右键菜单"，这样右击就会弹出CAD常用的默认快捷菜单，Ctrl+右键时会弹出中望CAD快捷菜单；同样在"用户界面"可以按照自己的习惯设置屏幕菜单和命令栏按钮。

2. 图层管理及图层转换

该软件包含"中文""天正""英文"三种"图层名称"，可根据需要在"设置""图层管理"中进行查询，如有需要也可以通过"图层转换"查找修改。

3. 多重菜单

因为菜单设置内容比较丰富，如果只需要其中某些功能，可以右击左侧菜单栏"个性菜单"，选择"立面剖面"和"总图平面"相关设置选项，使操作更容易。

4. 输入命令的方式

该软件可以用汉语拼音首字母来进行命令输入。如需要输入命令"绘制轴网"，就直接输入"hzzw"，不区分大小写。

5. 在位编辑系列

如需要对文件中的文字等进行修改，直接右击待修改的地方，"对象编辑"命令会弹出一个对话框，在对话框中进行编辑修改。同样的方法，可以进行"文字编辑""表行编辑""表列编辑"等。

6. 建筑模型的管理及三维组合

使用文件"布局""建楼层框"功能，选择正立面的左右两条轴线，可直接生成侧立面模型或者剖面模型，数据与正立面对应。

将各层平面图绘制完毕后，选中相应的"建楼层框"，选择"文件布图"下

使用流程

的"三维组合",确认相应数据,可直接生成三维模型。

03　使用流程

为了更好地绘制图样,绘制之前会详细讲解绘图步骤及注意事项。一般的绘制顺序为轴网布置、创建墙体、修改细部参数,如房间设计、插入门窗、楼梯楼板、台阶坡道、阳台散水、屋顶设计等,接下来会完成尺寸标注、文字表格、符号标注等。检查核对后就完成了平面图的绘制工作。

在平面图的基础上,利用软件自身功能,可进行三维组合、立面图、剖面图的绘制等工作,极大地节省了绘图时间。

第1篇 建筑绘图技能操作

技能 1 轴网设计

轴网设计

技能目标

了解：轴网的用途及种类。

掌握：建立轴网、单线变墙、轴网标注、轴号编辑、扩展（弧线轴网）等操作方法。

任务链接

轴网是由建筑轴线组成的网，是人为地在建筑图中为了标示构件的详细尺寸，按照一般的习惯标准虚设的，习惯上标注在对称界面或截面构件的中心线上。轴网分直线轴网、斜交轴网和弧线轴网。

轴网由定位轴线（建筑结构中的墙或柱的中心线）、标志尺寸（用心标注建筑物定位轴线之间的距离大小）和轴号组成。

轴网是建筑制图的主体框架，建筑物的主要支承构件按照轴网定位排列，达到井然有序。

按照绘图习惯，在绘制建筑平面图之前要先建立轴网。

任务实施

1）打开"中望建筑CAD教育版2019"软件，在左侧工具栏中单击"轴网柱子"→"绘制轴网"，弹出"绘制轴网"对话框，如图1-1-1所示。

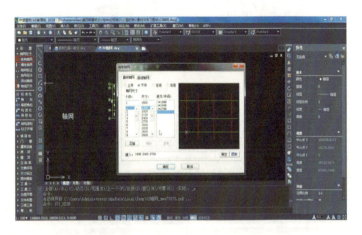

图　1-1-1

2）单击"清空"，可清空原有数据（如果是新文件则无须清空），如图1-1-2所示。

图　1-1-2

3）生成下开尺寸

方法一：单击"直线轴网"，选中"下开"，选择个数为"1"，尺寸为"2700"，单击"添加"生成下开尺寸，如图1-1-3所示。

方法二：输入多个相同尺寸，选择个数为"3"，尺寸为"3000"，双击"3000"可生成下开尺寸，如图1-1-4所示。

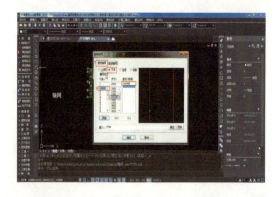

图　1-1-3

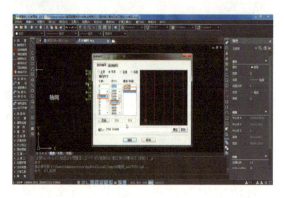

图　1-1-4

方法三：直接在输入框内输入数值"4500"，如图 1-1-5 所示。

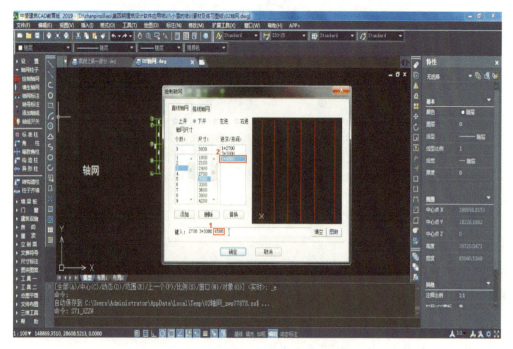

图　1-1-5

4）在"直线轴网"→"左进"中输入相应参数，操作方法同上，单击确定完成，生成轴网，如图1-1-6和图1-1-7所示。

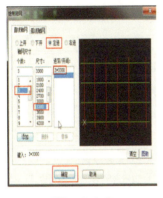

图 1-1-6

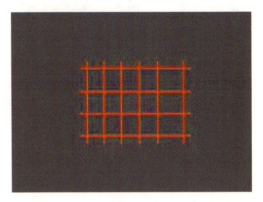

图 1-1-7

5）调整轴网角度，在命令栏中单击"旋转"或直接输入"R"，输入"45"，单击屏幕完成旋转，如图1-1-8所示。

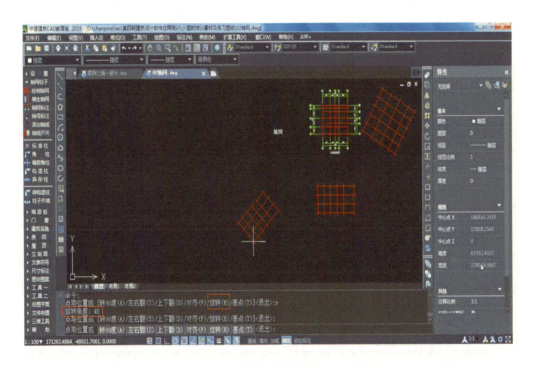

图 1-1-8

6）进行轴网标注。单击左侧工具栏中的"轴网柱子"→"轴网标注"，单击屏幕中轴网的起点和终点位置，并根据需要设置弹出的"轴网标注"对话框，使用双侧标注或单侧标注（本例为双侧标注），如图1-1-9~图1-1-11所示。

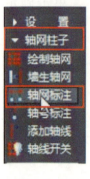

图 1-1-9

图 1-1-10

图 1-1-11

7）生成墙体。单击左侧工具栏中的"墙梁板"→"单线变墙"。根据需要设置外墙以及内墙的高和宽（本例：外墙总宽为"240"、内侧为"120"、外侧为"120"，内墙宽为"200"、高度为"3000"），材料选择"砖墙"，选中"轴网生墙"，直线绘制的外框线选择单线变墙，单击"确定"按钮，框选整个图案，生成墙体，如图 1-1-12 所示。

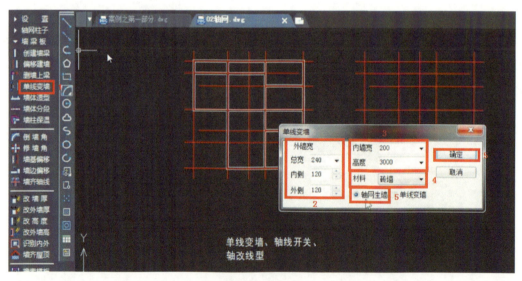

图 1-1-12

8）单击左侧工具栏中的"轴网柱子"→"轴线开关"，关闭轴网，剪裁掉多余的墙体。修剪后，单击"轴线开关"打开轴网，如图 1-1-13 和图 1-1-14 所示。

9）在现有墙体的基础上生成轴网，单击左侧工具栏中的"轴网柱子"→"墙生轴网"，框选墙体生成轴网，如图 1-1-15 和图 1-1-16 所示。

10）选中轴网右击"智剪轴网"，框选轴网，自动剪切墙体，如图 1-1-17 和图 1-1-18 所示。

图　1-1-13

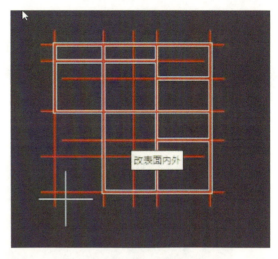

图　1-1-14

图　1-1-15

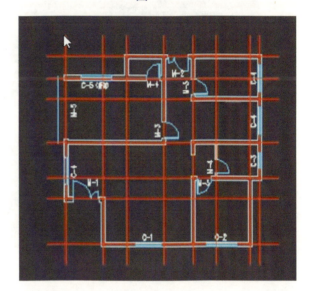

图　1-1-16

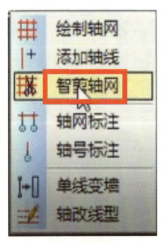

图　1-1-17

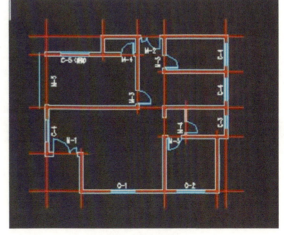

图　1-1-18

11）单击"轴号编辑"，其中包括修改轴号、主附变换、删除轴号、添补轴号、轴号隐显、重排轴号、倒排轴号等。进行重排轴号时，首先选中想要重排的轴号，右击弹出快捷菜单，单击"重排轴号"，选择要重排的第一个轴号，如在轴号3的位置输入新值"2"，进行智能重排，如图1-1-19 ~ 图1-1-21所示。

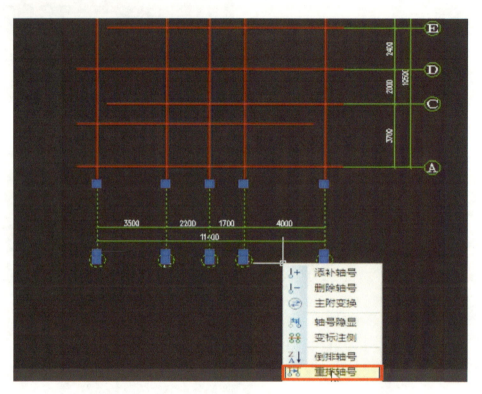

图　1-1-19

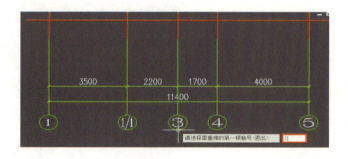

图　1-1-20

12）进行主附变换时，首先选中想要变换的轴号，右击弹出快捷菜单，单击"主附变换"，单击命令栏中的"附号变主"（或输入"D"），框选需要变换的轴

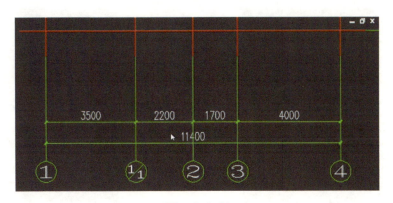

图 1-1-21

号，这时会自动进行排序，同理可进行"主号变附"操作，如图 1-1-22 和图 1-1-23 所示。

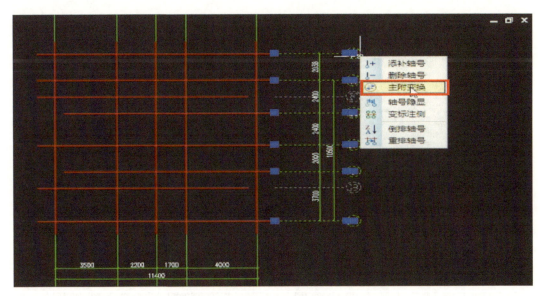

图 1-1-22

图 1-1-23

13）当两个轴号相叠加需要变化位置时，选中需要变化的轴号，单击轴号圆心的位置中的夹点向任意方向拖拽都会形成一个 45°的斜角，从而分清轴号的定位，如图 1-1-24 和图 1-1-25 所示。

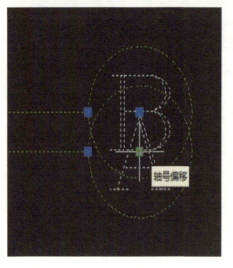

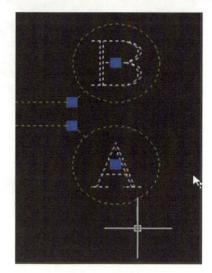

图　1-1-24

图　1-1-25

14）当轴号占用尺寸线位置时，选择需要延长的轴号，单击"改单轴引线长度"向一个方向拖拽即可改变其长度，如图1-1-26所示。

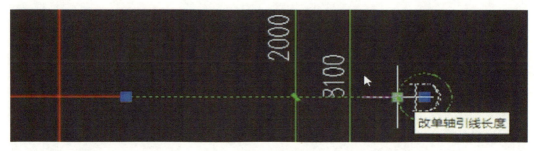

图　1-1-26

15）弧线轴网：弧线轴网是对角度和尺寸进深的划分。

16）单击左侧工具栏中的"轴网柱子"→"绘制轴网"→"弧线轴网"，选中"开间（角度）"，个数选择"3"，尺寸选择"30"，单击"添加"。选中"进深（尺寸）"，个数选择"1"，尺寸选择"3300"，在输入栏中输入两个"4500"，最后单击"确定"，如图1-1-27~图1-1-29所示。

17）绘制圆弧轴网。单击"弧线轴网"→"清空"，选中"开间（角度）"（开间的个数与尺寸相乘为360），单击"添加"，选中"进深（尺寸）"（注意：进深的个数与尺寸相乘为3600），单击"确定"，如图1-1-30~图1-1-32所示。

18）首先用"技能3"中单线变墙的方法画出墙体，然后单击左侧工具栏中的"轴网柱子"→"墙生轴网"，框选整个墙体，按<Enter>键生成轴网，如图1-1-33和图1-1-34所示。

图 1-1-27

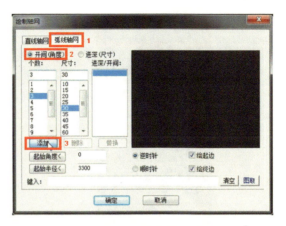

图 1-1-28

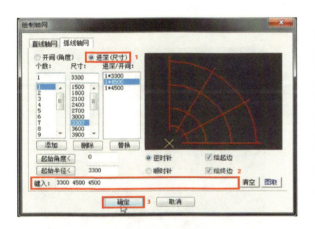

图 1-1-29

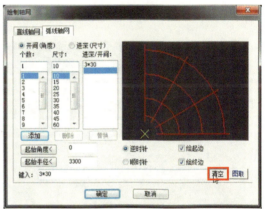

图 1-1-30

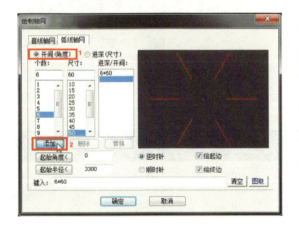

图 1-1-31

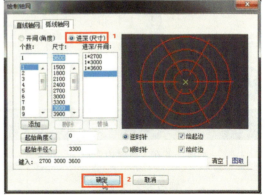

图 1-1-32

19）生成轴网后，用"智剪轴网"命令修剪轴网。首先选择一根轴线，然后右击选择"智剪轴网"，最后选择整个轴网完成修剪，如图 1-1-35 和图 1-1-36 所示。

图 1-1-33

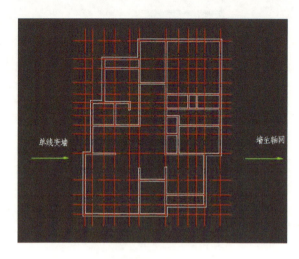

图 1-1-34

图 1-1-35

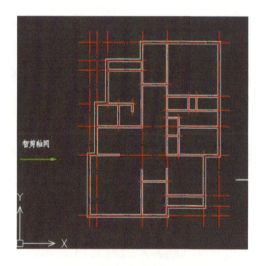

图 1-1-36

任务评价

任务内容	满分	得分
本项任务在 1 课时内完成	10	
轴网尺寸正确	30	
能正确生成墙体	25	
轴号标注清晰	25	
能绘制弧形轴网	10	

练习题

一、绘图题

分别绘制轴网和弧线轴网，如图 1-1-37 和图 1-1-38 所示。

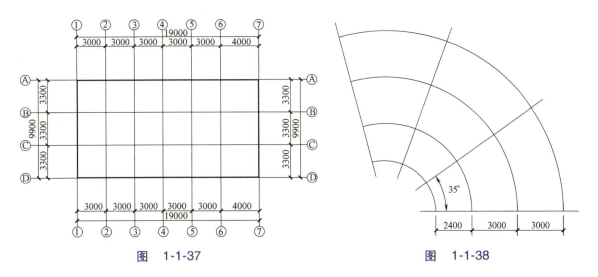

图　1-1-37 　　　　　　　　　　　　图　1-1-38

二、选择题

1. 绘制圆弧轴网，开间的个数与尺寸相乘为（　　　）。

A. 360　　　　　　　B. 180　　　　　　　C. 270　　　　　　　D. 90

2. 绘制圆弧轴网，进深的个数与尺寸相乘为（　　　）。

A. 360　　　　　　　B. 3600　　　　　　C. 2300　　　　　　D. 5400

3. 剪切多余的轴网选择（　　　）命令。

A. 轴号开关　　　　B. 智剪轴网　　　　C. 绘制轴网　　　　D. 墙生轴网

4. 改变轴号的位置时，单击轴号圆中心位置的夹点向任意方向拖拽会形成一个（　　　）的夹角。

A. 15°　　　　　　　B. 30°　　　　　　　C. 45°　　　　　　　D. 60°

5. 重排轴号的顺序（　　　）。

A. 选中，右击出现快捷菜单，重排轴号，输入新值

B. 选中，右击出现快捷菜单，输入新值，重排轴号

C. 右击出现快捷菜单，选中，重排轴号，输入新值

D. 右击出现快捷菜单，选中，输入新值，重排轴号

6. 轴号编辑不包括（　　　）。

A. 主附变换　　　　B. 添补轴号　　　　C. 倒排轴号　　　　D. 绘制轴网

技能 2　绘制柱子

绘制柱子

技能目标

了解：柱子的定义及分类。

掌握：绘制标准柱、异形柱、柱子齐墙等操作方法。

任务链接

柱子是建筑物主要的垂直承重构件，承托它上方的质量。

柱子是建筑物的主要组成部分。柱子可以按如下方法分类：按截面形式柱分为方柱、圆柱、管柱、矩形柱、工字形柱、H 形柱、双肢柱等；按所用材料可以分为石柱、砖柱、砌块柱、木柱、钢柱、钢筋混凝土柱等；按柱的破坏特征或长径比分为短柱、长柱、中长柱。

在绘制平面之前，要在轴网的基础上绘制柱子。

任务实施

1）标准柱的绘制。在轴网建立完成的基础上，单击左侧工具栏中的"标准柱"，在弹出的对话框中单击左上方第一个"点选插入"的命令，根据需要设置规格尺寸、形状、材料以及基准方向（本例：横向"400"、纵向"400"、高度"3000.000"、形状选择"矩形"、材料选择"钢砼"、基准方向选择"自动"），自动识别横向和纵向轴网交点，单击插入，墙体会被柱子智能遮挡，如图 1-2-1 ～图 1-2-3 所示。

2）将标准柱插入轴线图，单击左侧工具栏中的"标准柱"，在弹出的对话框中单击左上方第二个"沿线插入"命令，根据需要设置规格尺寸、形状、材料以及基准方向（本例：横向"400"、纵向"400"、高度"3000.000"、形状选择"矩形"、材料选择"钢砼"、基准方向选择"自动"），单击一根轴线，这根轴线与横向轴线或纵向轴线有交点的地方都会插入同一类的柱子，如图 1-2-4 ～图 1-2-6 所示。

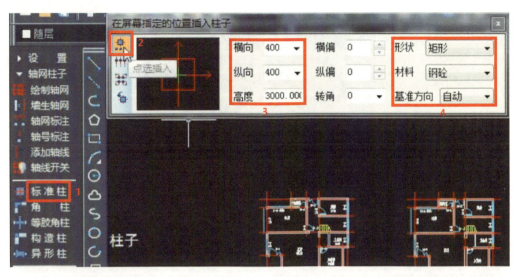

图　　1-2-1

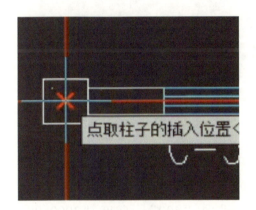

图　　1-2-2

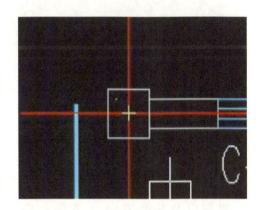

图　　1-2-3

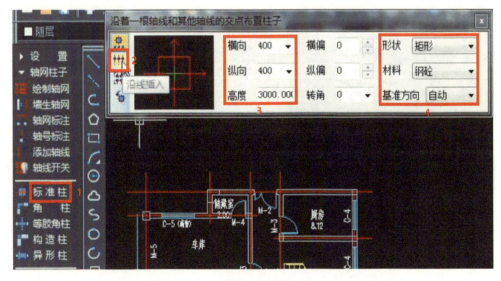

图　　1-2-4

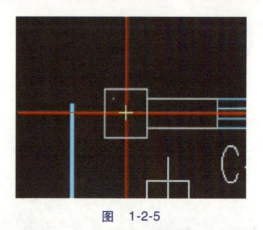

图 1-2-5

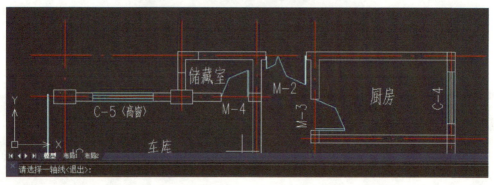

图 1-2-6

3）也可以在特定区域内插入柱子，单击左侧工具栏中的"标准柱"，在弹出的对话框中单击左上方第三个"区域插入"命令，根据需要设置规格尺寸、形状、材料以及基准方向（本例：横向"400"、纵向"400"、高度"3000.000"、形状选择"矩形"、材料选择"钢砼"、基准方向选择"自动"），框选的区域内出现两根轴网交点都会被插入同一类柱子，如图 1-2-7～图 1-2-9 所示。

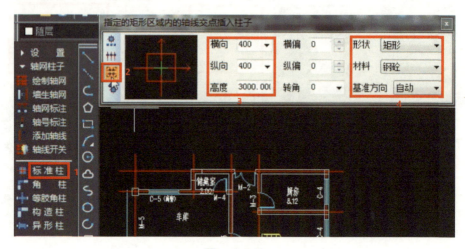

图 1-2-7

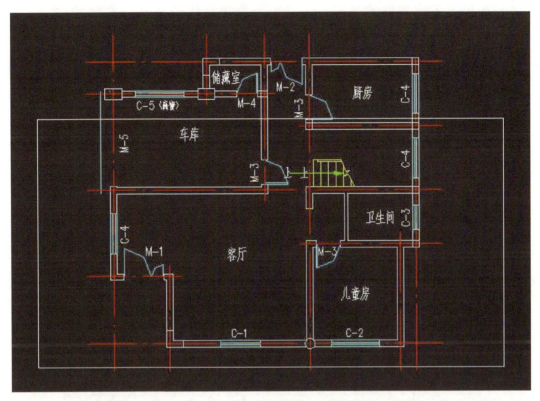

图 1-2-8

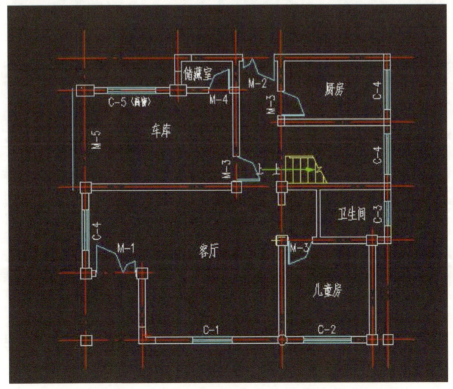

图 1-2-9

4）如果有不同规格的柱子，可以用当前规格柱子替换掉之前的柱子，单击左侧工具栏中的"标准柱"，在弹出的对话框中单击左上方第四个"替换"命令，根据需要设置规格尺寸、形状、材料以及基准方向（本例：横向"400"、纵向"400"、高度"3000.000"、形状选择"矩形"、材料选择"钢砼"、基准方向选择"自动"），选中之前的柱子，空格确认即可，如图1-2-10～图1-2-12所示。

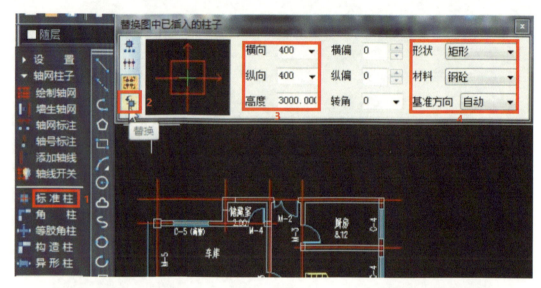

图　1-2-10

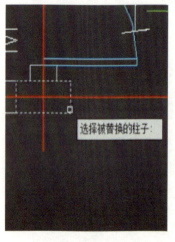

图　1-2-11

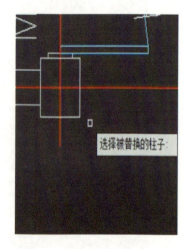

图　1-2-12

5）异形柱的绘制。用多段线绘制出柱子的形状，单击左侧工具栏中的"异形柱"，选择封闭的多段线→空格确认，选择柱子的材质，再次选中柱子时，可以在右上角"特性"面板中看到当前为"柱"，如图1-2-13～图1-2-16所示。

图　　1-2-13

图　　1-2-14

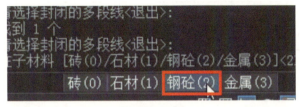

图　　1-2-15

6）绘制完毕可以将柱子做齐墙处理。单击左侧工具栏中的"轴网柱子"→"柱子齐墙"，选取要偏移的柱子或者框选一个区域，选中之后选择要齐的墙边，空格确认即可，如图 1-2-17～图 1-2-20 所示。

图　　1-2-16

图　　1-2-17

图　　1-2-18

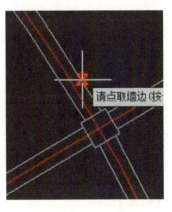

图　　1-2-19

图　　1-2-20

任务内容	满分	得分
本项任务在1课时内完成	10	
柱的尺寸正确	30	
能正确生成标准柱	25	
柱子能正确齐墙	25	
能绘制异形柱	10	

练习题

一、绘图题

绘制标准柱，如图 1-2-21 所示。

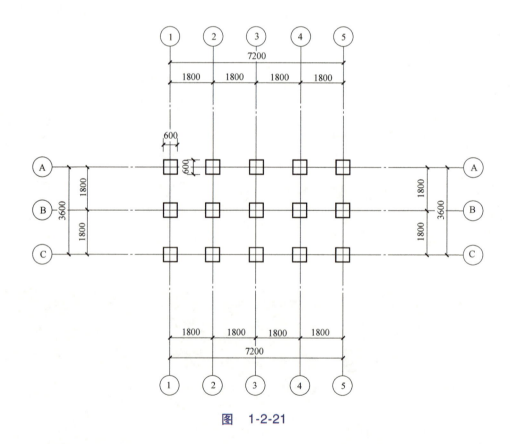

图　1-2-21

二、选择题

1. 下面（　　）不是材料类柱子。

A. 木柱　　　　　B. 砖柱　　　　　C. 钢筋混凝土柱　　　　　D. 方柱

2. 偏移柱子需要用到（　　）命令。

A. 柱子齐墙　　　B. 墙体分段　　　C. 墙边偏移　　　　D. 转构造柱

3. 异形柱形体需要用（　　）绘制。

A. 直线　　　　　B. 多段线　　　　C. 射线　　　　　　D. 轴线

4. 一个区域内同样的柱子用（　　）命令快速生成。

A. 转构造柱　　　B. 图块　　　　　C. 沿线插入　　　　D. 区域插入

5. 标准柱的形状没有（　　）。

A. 正六边形　　　B. 正八边形　　　C. 正十六边形　　　D. 圆形

6. 将异形柱的特性改为柱，以下操作（　　）是正确的。

A. 单击异形柱命令→选择异形柱形体→选择材料

B. 选择异形柱形体→单击异形柱命令→选择材料

C. 选择材料→选择异形柱形体→单击异形柱命令

D. 选择材料→单击异形柱命令→选择异形柱形体

技能 3　绘制墙体

绘制墙体

技能目标

了解：墙体的用途及种类。

掌握：创建墙体、轴网生墙、墙体打断、倒墙角、墙柱保温、墙体编辑及其他工具的操作方法。

任务链接

墙体是用砖石等砌成承架房顶或隔开内外环境的建筑物，是建筑物竖直方向的主要构件，起分隔、围护和承重等作用，还有隔热、保温、隔声等功能。一般而言，墙体具有足够的稳定性和强度，起到围护、分隔空间的作用，同时还应该具备保温、隔热、隔声、防火、防水的功能。墙体的种类较多，有单一材料的墙体，有复合材料的墙体，综合考虑承重、围护、节能、美观这些因素，设计的合理性也是非常重要的，所以设计合理的墙体方案是建筑构造的重要任务。

任务实施

（1）设置墙体参数 在左侧工具栏中单击"墙 梁 板"→"创建墙梁"，弹出"墙体设置"对话框，用"连续插入"布置方式，开启"正交"模式，单击桌面上的任意一点开始绘制墙体，墙体随鼠标进行移动，如图1-3-1和图1-3-2所示。此时绘制的图形具有三维属性，选中时要注意以下几点：①墙体中间的箭头代表墙体的走向，如图1-3-3所示；②墙体两侧的箭头代表墙所处的位置，两个箭头方向一致则为外墙，如果箭头的方向是相对的则为内墙。墙的类型在右侧特性栏里可查询显示，如图1-3-4~图1-3-6所示。

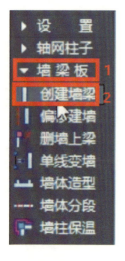

图 1-3-1

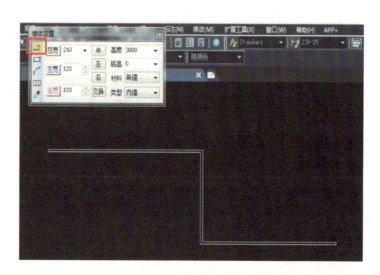

图 1-3-2

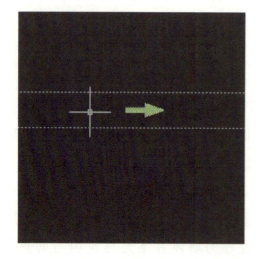

图 1-3-3

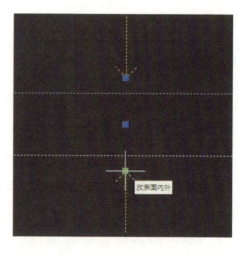

图 1-3-4

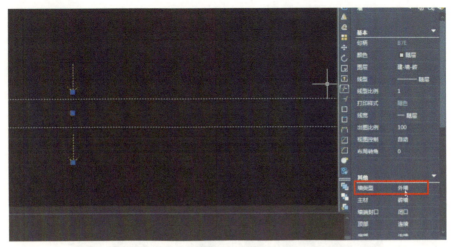

图　1-3-5

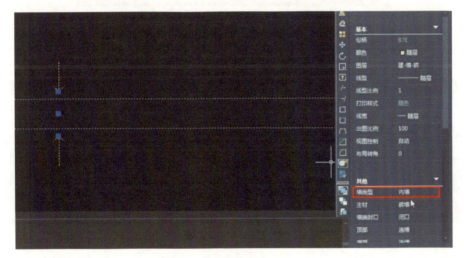

图　1-3-6

（2）利用直线绘制墙体　在左侧工具栏中单击"墙 梁 板"→"创建墙梁"，弹出"墙体设置"对话框，选择矩形布置，单击桌面任意一点拖拽矩形生成墙体，如图1-3-7所示。如果图样有规律，可用"矩形布置"按照要求的尺寸绘制一个户型，如图1-3-8所示。

使用"镜像（MI）"，选中绘制好的墙体，以"对称轴"为基线，单击"确认"→"镜像（MI）"，单击"确认"，就完成了一栋轴对称楼的布局绘制，如图1-3-9所示。

使用"单线变墙"命令→材料选择"钢砼墙"→框选整个墙体，输入墙体参数，这时墙体就绘制完成了。把视图改变成三维视图的西南轴测图，可以看到房间内部的展现形式，如图1-3-10～图1-3-13所示。

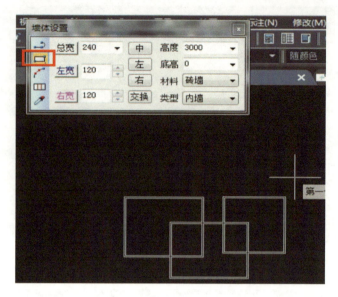

图 1-3-7

图 1-3-8

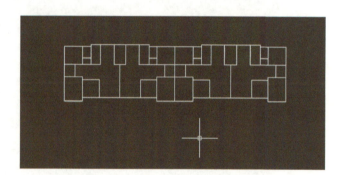

图 1-3-9

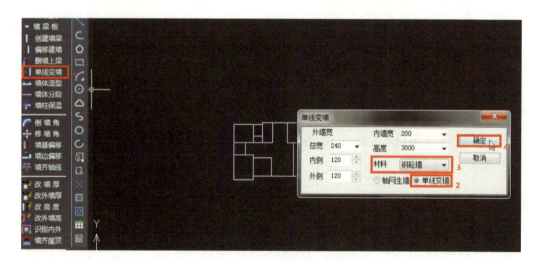

图 1-3-10

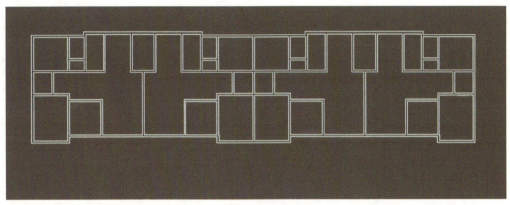

图　1-3-11

图　1-3-12

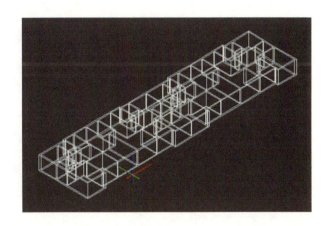

图　1-3-13

（3）用轴网生成墙体　单击"墙 梁 板"→"单线变墙"→"轴网生墙"，框选整个轴网，单击"确认"，关闭"轴线开关"→"修剪墙体"（注意：绘图时软件会把最外侧的轴线默认为外墙，需要特别注意修改空轴线对应的墙体位置）→把"轴网柱子"下的"轴线开关"打开→单击"智剪轴网"即可生成墙体，如图 1-3-14～图 1-3-19 所示。

（4）设置墙体材料和墙体强度　在创建墙体时需要区分墙体所用材料和墙体强度，不同颜色的线代表不同的墙体材料。墙体通常情况下有钢砼（即钢筋混凝土）墙、玻璃幕墙、隔墙等，其中钢砼墙体硬度最大，隔墙硬度最小，插入高强度的墙体后，会把低强度的墙体打断，如图 1-3-20 所示。例如：插入一条"砼墙"后所有墙体均被打断，插入一条"玻璃幕"墙后只有隔墙被打断，如图 1-3-21 和图 1-3-22 所示。

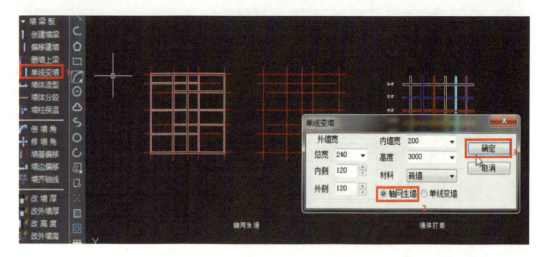

图 1-3-14

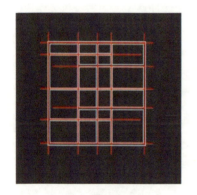

图 1-3-15

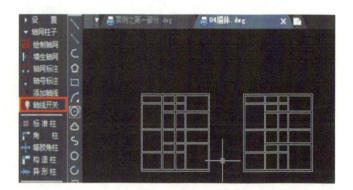

图 1-3-16

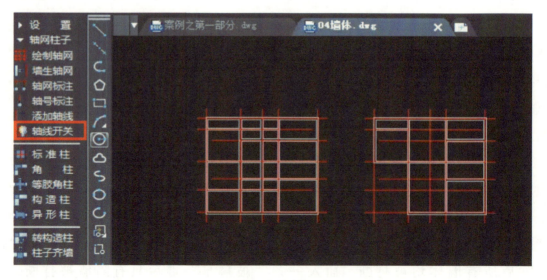

图 1-3-17

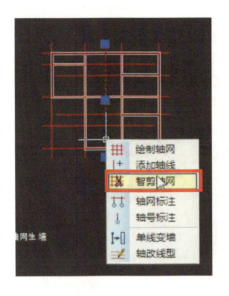

图　1-3-18

图　1-3-19

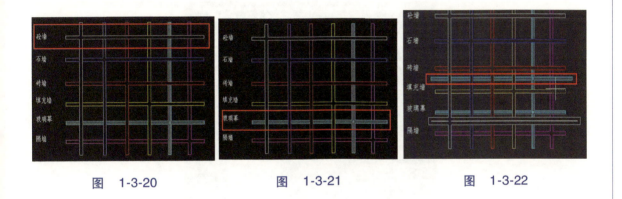

图　1-3-20

图　1-3-21

图　1-3-22

（5）墙体的编辑　需要注意左侧为创建菜单栏，右侧为编辑菜单栏。例：选中已有墙体，右击弹出快捷菜单，单击"倒墙角"，按键盘"R"设置倒角半径值，输入"500"→选择第一段墙体和第二段墙体，完成倒角，如图 1-3-23 和图 1-3-24 所示。

（6）设置墙体保温　选中一段墙体，右击弹出快捷菜单→"墙柱保温"，选择"外保温"，选择需要添加保温材料的外墙，确认，这时被保温的墙体就会自动出现保温层，不同墙体间保温材料会自动连接，如图 1-3-25～图 1-3-27 所示。

（7）检查并确认墙体编辑有无错漏　单击暴露出来的内墙，右击弹出快捷菜单→"墙体工具"→"识别内外"，框选整个建筑物，最外侧的墙生成一圈闭合的红色虚线，红色的虚线代表墙体的最外沿，如图 1-3-28 和图 1-3-29 所示。

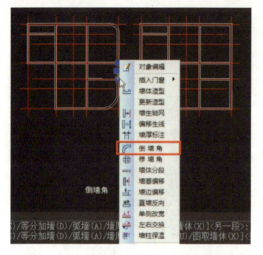

图　1-3-23

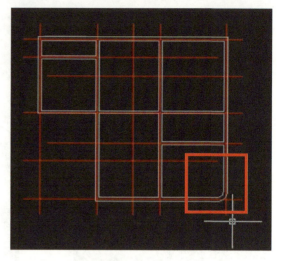

图　1-3-24

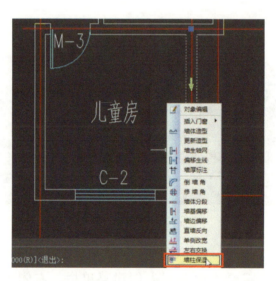

图　1-3-25

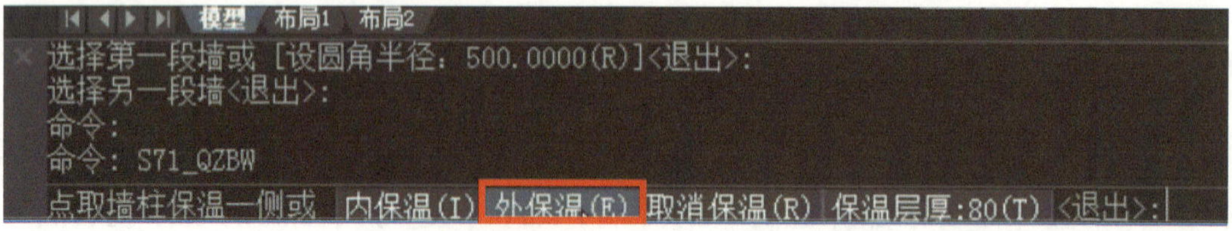

```
|◀ ◀ ▶ ▶|  模型  布局1  布局2
× 选择第一段墙或 [设圆角半径: 500.0000(R)]<退出>:
  选择另一段墙<退出>:
  命令:
  命令: S71_QZBW
  点取墙柱保温一侧或  内保温(I) 外保温(E) 取消保温(R) 保温层厚:80(T) <退出>:
```

图　1-3-26

（8）调整墙体的内宽和外宽　选择一段墙体，右击弹出快捷菜单→"单侧改宽"，设置新的墙体值为"240"，选择需要修改的墙，完成该段墙体的单侧改宽，如图 1-3-30 和图 1-3-31 所示。类似的功能此处不再赘述，使用方法同上。

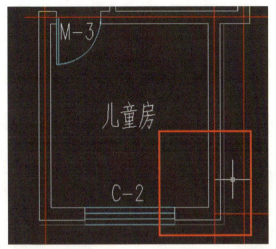

图 1-3-27

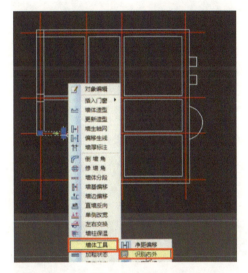

图 1-3-28

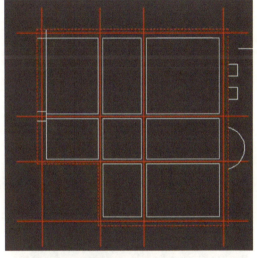

图 1-3-29

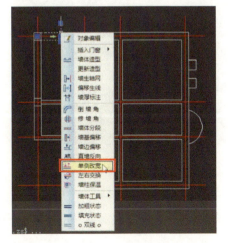

图 1-3-30

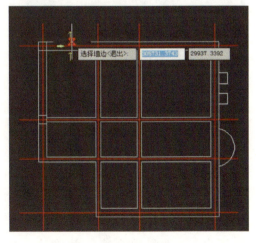

图 1-3-31

（9）设置房间名称 单击左侧菜单栏的"房间"→"搜索房间"，框选整个墙体并确认，再双击，修改出现在墙体间的"房间"两个字，如图1-3-32和图1-3-33所示。

图 1-3-32

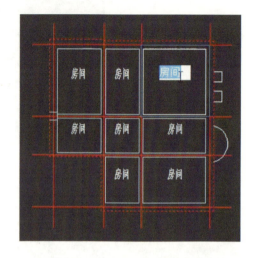

图 1-3-33

（10）对墙体进行偏移生线 选择墙体，右击弹出快捷菜单→"偏移生线"→输入数值"600"，选择要偏移的墙体，把没连接的偏移线用倒角命令（F）将它们连接起来，如图1-3-34和图1-3-35所示。

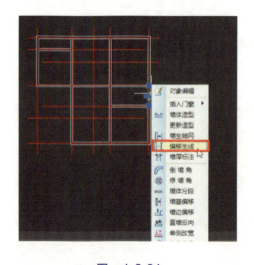

图 1-3-34

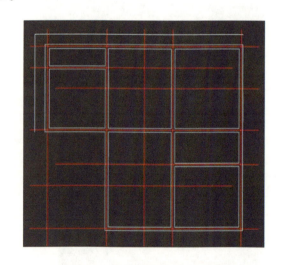

图 1-3-35

（11）生成散水 单击左侧菜单栏中的"建筑设施"→"散水"→"创建室内外高差平台"，选择整个墙体并确认，生成散水，如图1-3-36~图1-3-39所示。

图　1-3-36

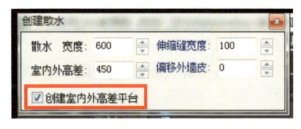

图　1-3-37

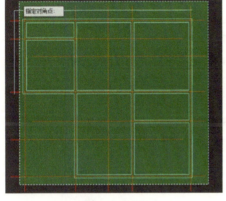

图　1-3-38

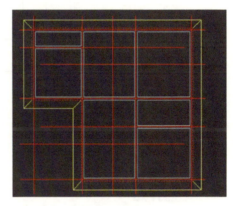

图　1-3-39

任务评价

任务内容	满分	得分
本项任务在1课时内完成	10	
墙体尺寸正确	30	
能正确生成墙体	25	
墙体间标注正确	25	
能绘制墙体保温层	10	

大国工匠

　　李诫，字明仲，郑州管州人（今河南郑州新郑市），北宋著名建筑学家，学识渊博，博览群书，并且擅长书法、绘画，主持修建了开封府廨、太庙及钦慈太后佛寺等很多大规模建筑。因表现优秀，被委派制定当时的建筑标准。经过多方查阅资料，李诫组织编纂一部记录中国古代建筑营造规范的书——《营造法式》，堪称古代建筑学的一部百科全书。

　　《营造法式》图文并茂，配了很多建筑细节插图，建筑相关的材料选择、构件尺寸比例、工程制度等都写得非常详细。此书科学性非常高，具有很强的前瞻性。

练习题

一、绘图题

用"单线变墙"命令绘制出墙体并给其施加保温层，如图 1-3-40 所示。

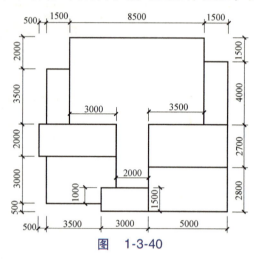

图　1-3-40

二、选择题

1. 墙体分很多种材料，（　　）硬度最大。

A. 砼墙　　　　B. 玻璃幕墙　　　　C. 隔墙　　　　D. 砖墙

2. 墙体的石墙用（　　）表示。

A. 黑色　　　　B. 黄色　　　　C. 蓝色　　　　D. 白色

3. 设置房间名称用（　　）命令。

A. 搜索房间　　B. 房间面积　　C. 搜索户型　　D. 户型面积

4. 关闭轴线用（　　）命令。

A. 轴网标注　　B. 轴网开关　　C. 添加轴线　　D. 墙生轴网

5. 用（　　）命令将墙角变为圆角。

A. 倒圆角　　　B. 修墙角　　　C. 墙体分段　　D. 直墙反向

技能 4　绘制门窗

绘制门窗

技能目标

了解：门窗的用途及种类。

掌握：插入门窗、门窗整理、插入门窗表、门窗调位等操作方法。

任务链接

门窗是建筑物围护结构系统中重要的组成部分，是建筑物不可缺少的部分。

门窗按其所附的位置不同分为围护构建和风格构建，有不同的设计要求，要分别具有保温、隔热、隔声、防水、防火等功能。另外，门和窗又是建筑造型的重要组成部分，所以它们的形状、尺寸、比例、造型、排列、色彩等都对建筑的整体造型有着很大的影响。

门窗是由多种门和窗组成的，其位置是根据建筑图中的详细尺寸所决定的。门的种类：平开门、弹簧门、推拉门、旋转门、折叠门、卷帘门、密闭门等。窗的种类：亮子窗、木格窗、格窗、造型窗等。

按照绘图习惯在布置平面图之前，要先绘制门窗。

任务实施

（1）门窗参数面板介绍　在使用门窗插入方法之前，要先了解门窗参数面板的内容。单击左侧屏幕菜单"门窗"下拉列表中的"门窗"，弹出"门窗参数"对话框，如图1-4-1所示。

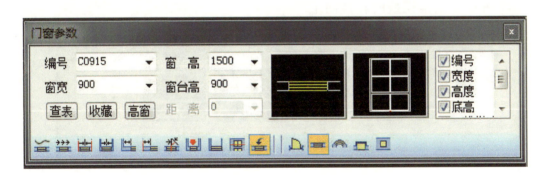

图　1-4-1

"门窗参数"包括了四个部分。

第一部分：由编号、窗高、窗宽、窗台高等规格尺寸组成，如图1-4-2所示。

第二部分：由门窗的各种插入方式组成，包括自由插入、顺序插入、轴线等分插入、智能插入、满墙插入、垛宽定距插入、轴线定距插入等，如图1-4-3所示。

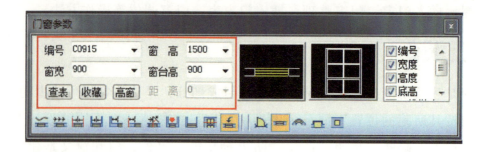

图 1-4-2

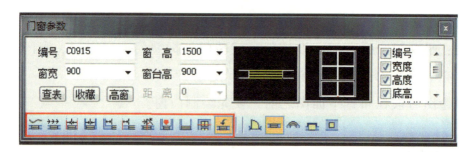

图 1-4-3

第三部分：由门窗的二维和三维组成。软件中包含了门窗的二维和三维的模型，单击"二维模型"→Opening2D，选择需要的窗或门的二维形式，如图 1-4-4～图 1-4-7 所示。三维模型的转换同上。

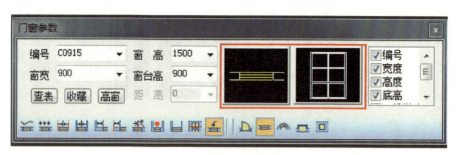

图 1-4-4

图 1-4-5

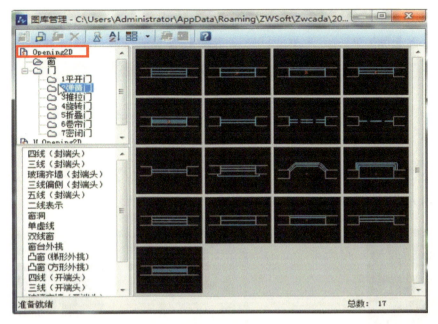

图　1-4-6

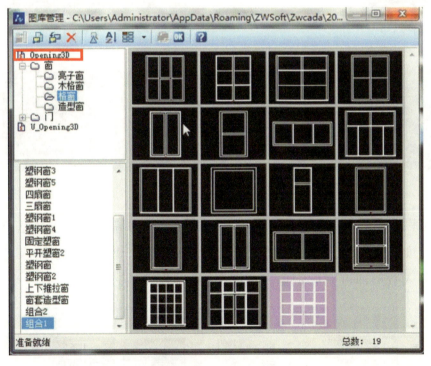

图　1-4-7

第四部分：由门的样式、窗的样式、凸窗等切换方式组成，如图 1-4-8 所示。

（2）门窗的插入方式

1）自由插入。单击左侧屏幕菜单"门窗"下拉列表中的"门窗"→选择所需

图 1-4-8

要的门窗类型→"自由插入",根据需求,在合适的位置自由插入,如图 1-4-9~图 1-4-11 所示。

图 1-4-9

图 1-4-10

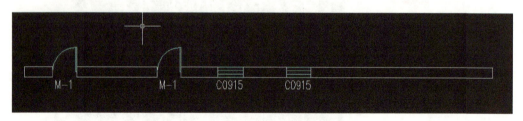

图 1-4-11

2)顺序插入。单击"顺序插入",单击要插入的墙体,输入从基点到门窗侧边的距离(如"1500",窗户最左边到墙边距离为 1500)。顺序插入可以连续进行,继续输入数值即可完成定位,如图 1-4-12~图 1-4-15 所示。

图 1-4-12

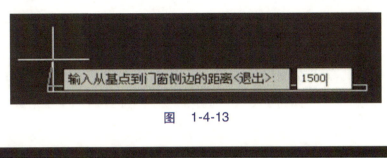

图 1-4-13

图 1-4-14

图 1-4-15

3）轴线等分插入。单击"轴线等分插入"，单击需要插入在两根轴线之间的位置，输入门窗个数即可完成等分插入，如图 1-4-16~图 1-4-18 所示。

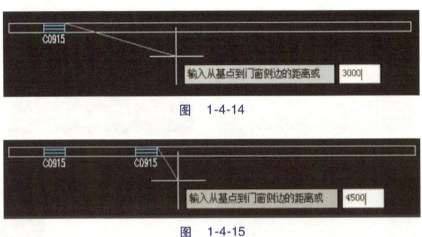

图 1-4-16

图 1-4-17

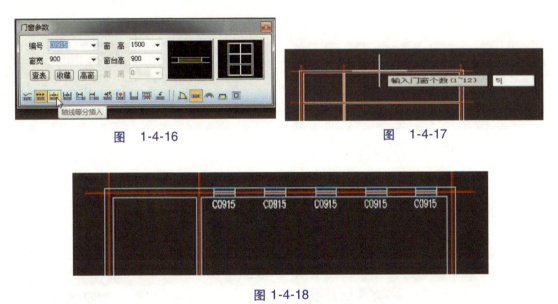

图 1-4-18

4）智能插入。智能插入是把两条轴线之间的墙体自动进行三等分，可以将门窗自动放在上、中、下三个位置中的任意位置。单击左侧屏幕菜单"门窗"下拉列表中的"门窗"，选择所需要的门窗类型→"智能插入"，单击墙体中间位置将会自动把门窗放在该段墙体的中间位置，其他墙体同理，如图 1-4-19～图 1-4-21 所示。

5）满墙插入。单击左侧屏幕菜单"门窗"下拉列表中的"门窗"，选择所需要的门窗类型，选择"满墙插入"，选择需要插入的墙体即可完成满墙插入，如图 1-4-22～图 1-4-24 所示。

图 1-4-19

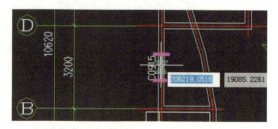

图 1-4-20

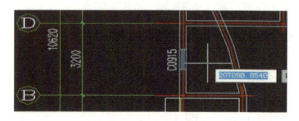

图 1-4-21

图 1-4-22

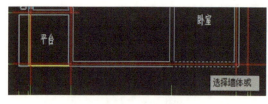

图 1-4-23

图 1-4-24

6）垛宽定距插入。单击左侧屏幕菜单"门窗"下拉列表中的"门窗"，选择所需要的门窗类型→"垛宽定距插入"→窗侧边到垛的距离设置为"100"→单击需要插入的墙体即可，如图 1-4-25～图 1-4-27 所示。

图 1-4-25

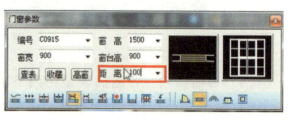

图 1-4-26

7）轴线定距插入。单击"轴线定距插入"→门侧边到轴线的距离设置为"400"，单击所需要插入的墙体即可，如图1-4-28～图1-4-30所示。如需改变门窗的开启方向，选中需要改变的门窗→单击红色交叉点（红色改变二维方向，黄色改变三维方向）→向指定点拉伸即可完成，如图1-4-31～图1-4-34所示。

图 1-4-27

图 1-4-28

图 1-4-29

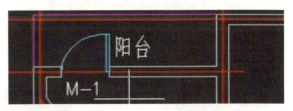

图 1-4-30

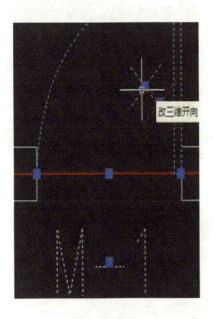

图 1-4-31

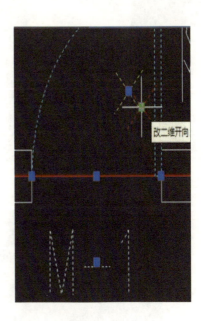

图 1-4-32

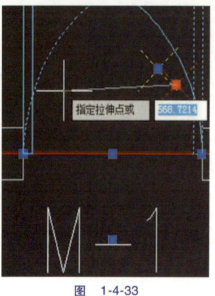

图　1-4-33

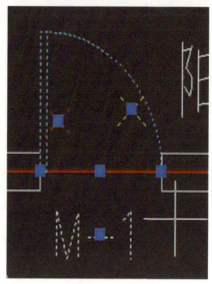

图　1-4-34

（3）带型窗的绘制　带型窗多用于商场装修，单击左侧屏幕菜单"门窗"下拉列表中的"带型窗"，选取需要布置的墙垛中的起始点和终止点，选择带型窗经过的墙体即可绘制完成，如图 1-4-35～图 1-4-39 所示。

图　1-4-35

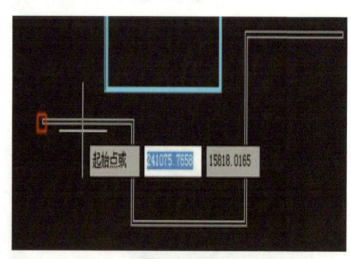

图　1-4-36

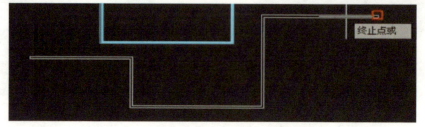

图　1-4-37

图　1-4-38

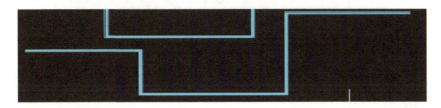

图　1-4-39

（4）转角窗的绘制　转角窗通常有两种情况：第一种是带凸窗的转角窗；第二种是不带凸窗的转角窗。

1）带凸窗的转角窗：单击左侧屏幕菜单"门窗"下拉列表中的"转角窗"，勾中"凸窗"，选择外墙角为端点，选择第一个转角，选择第二个转角即可完成绘制，如图 1-4-40～图 1-4-45 所示。

图　1-4-40

图　1-4-41

图　1-4-42

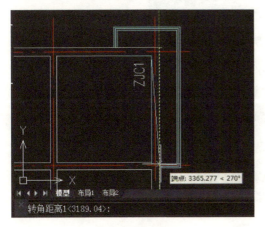

图　1-4-43

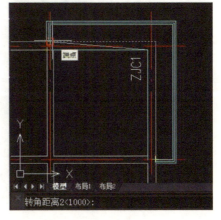

图　1-4-44

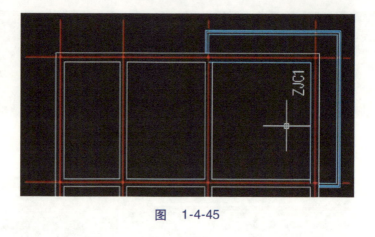

图　1-4-45

2）不带凸窗的转角窗：只需不勾选凸窗，其他做法同上，如图1-4-46所示。

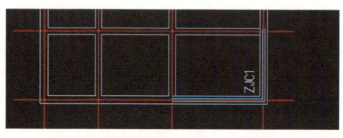

图　1-4-46

（5）门窗整理　当门窗需要修改尺寸时，单击左侧屏幕菜单"门窗下拉"列表中的"门窗整理"→选取→框选需要修改门窗的平面，即可对门窗进行修改，如图1-4-47~图1-4-51所示。例如对C-4的窗户进行宽度修改，单击"宽度"一栏，输入新的数值"1500"，单击"应用"即可完成，如图1-4-52和图1-4-53所示。

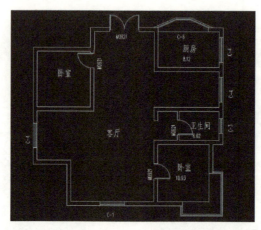

图　1-4-47

图 1-4-48

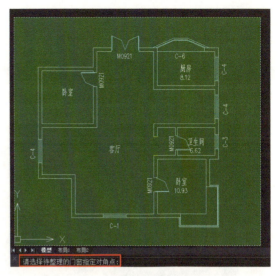

图 1-4-49

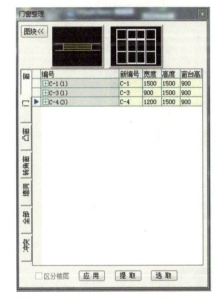

图 1-4-50

图 1-4-51

图 1-4-52

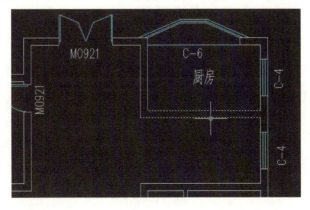

图 1-4-53

（6）生成门窗表 单击左侧屏幕菜单"门窗"下拉列表中的"门窗表"，框选需要生成门窗表的平面→在屏幕下方的命令栏中可以更改表头样式（单击选表头或者快捷键 D 弹出"选择门窗表表头文件"对话框，单击"门窗表 02. dwg"，单击"打开"），单击空白处即可完成插入，如图 1-4-54～图 1-4-58 所示。

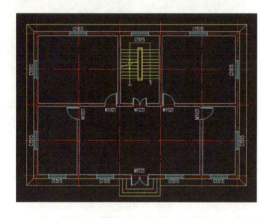

图　1-4-54

图　1-4-55

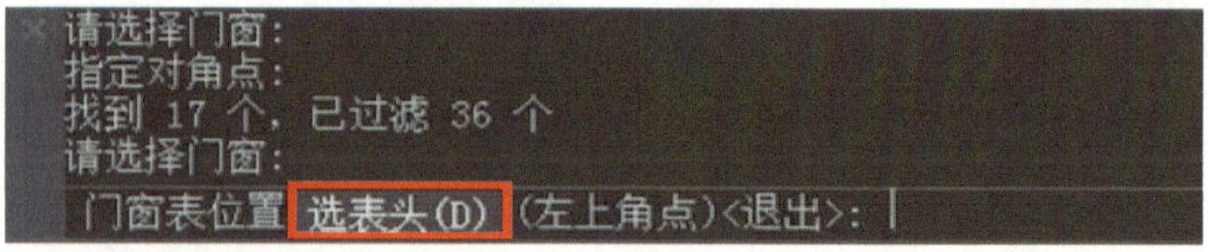

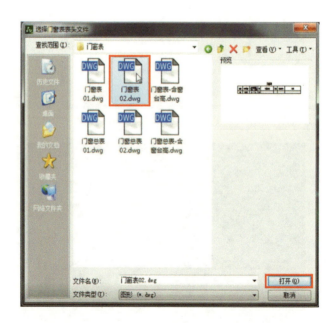

图　1-4-56

图　1-4-57

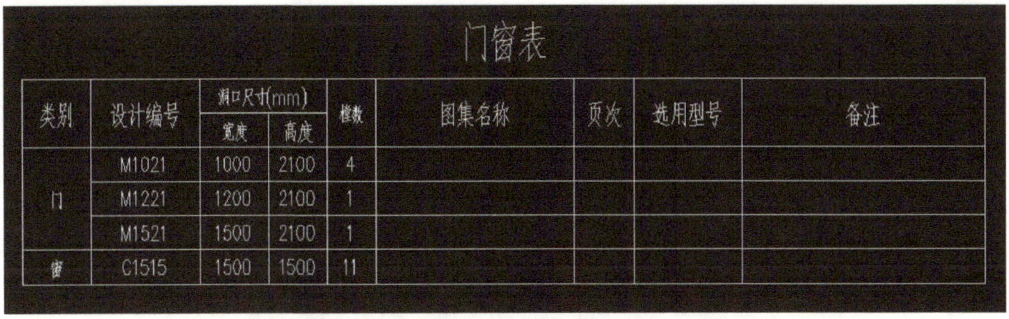

门窗表

类别	设计编号	洞口尺寸(mm)		樘数	图集名称	页次	选用型号	备注
		宽度	高度					
门	M1021	1000	2100	4				
	M1221	1200	2100	1				
	M1521	1500	2100	1				
窗	C1515	1500	1500	11				

图　　1-4-58

选中表格，右击弹出的快捷菜单可以对表格进行编辑，例如对表列进行删除编辑，选中"门窗表"，右击→弹出快捷菜单→"表列编辑"（在下方命令栏中会出现多种编辑内容），单击"删除列"（输入"E"），框选或单击需要删除的列即可完成编辑，如图1-4-59～图1-4-62所示。

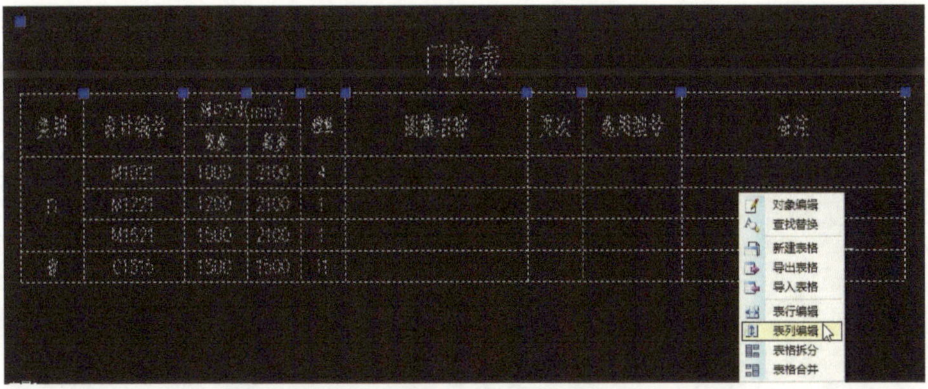

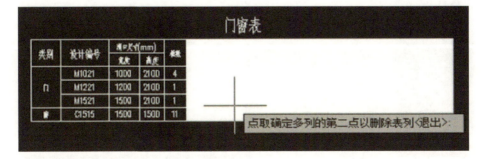

图　　1-4-59

图　　1-4-60

图　　1-4-61

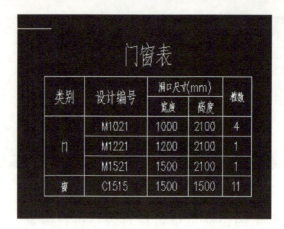

图　1-4-62

当一个建筑为多层建筑时需要使用门窗总表来生成门窗表。

单击"门窗总表"→自动捕捉到多个楼层高（这里以 3 层为例）→确定，直接生成门窗表的编辑方式同上，如图 1-4-63～图 1-4-66 所示。

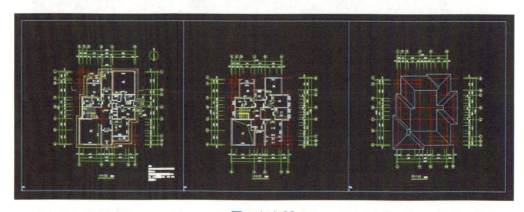

图　1-4-63

图　1-4-64

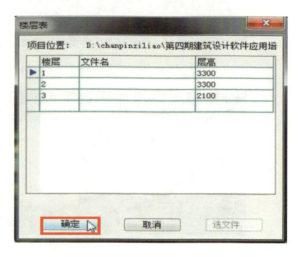

图　1-4-65

门窗表

类型	设计编号	洞口尺寸(mm)		樘数				采用的标准图集及编号			备注
		宽	高	1层	2层	3层	合计	图集代号	页次	编号	
转角窗窗	DC-1	(753+2650+0)	2000		1		1				
门	M0721	700	2100	3	1		4				
	M0821	800	2100	4	2		6				
	M0921	900	2100	1	4		5				
	M1221	1200	2100	2			2				
	M1322	1000	2200	1			1				
	M2721	2700	2100		2		2				
	M5426	5400	2600	1			1				
组合门窗	MLC1321	1340	2100	1			1				
窗	C0715	700	1500		4		4				
	C0721	700	2100	2	2		4				
	C0815	800	1500				1				
	C1014	1000	1400	2			2				
	C1015	1000	1500		2		2				
	C1215	1200	1500		1		1				
	C1812	1800	1200	1			1				
	C1915	1900	1500	1			1				
	C2123	2100	2300	1			1				
	C2627	2580	2700	1			1				

图　1-4-66

（7）门窗调位　单击左侧屏幕菜单"门窗"下拉列表中的"门窗调位"，输入需要调整的数据，当垛宽小于"150"时归整为"0"，当垛宽小于"300"时归整为"200"，可以使用"墙垛定距""基线定距""轴线定距"，这里使用"轴线定距"→框选中需要调整门窗的平面即可完成自动调位，如图 1-4-67~图 1-4-72 所示。

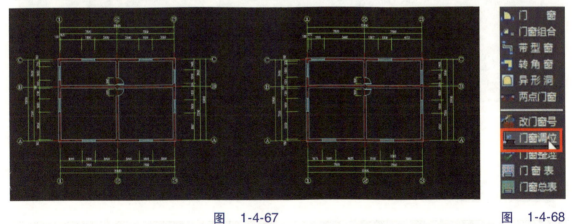

图　1-4-67

图　1-4-68

图　1-4-69

图　1-4-70

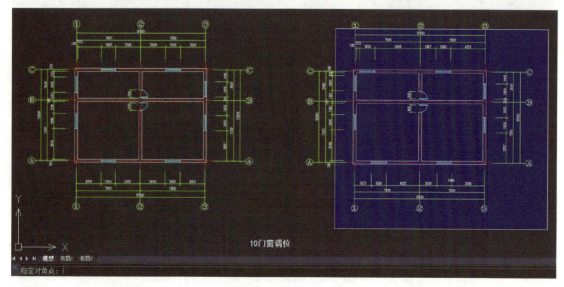

图 1-4-71

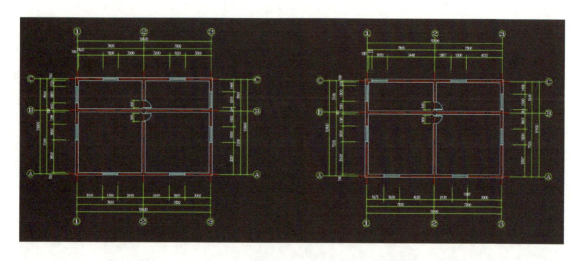

图 1-4-72

任务评价

任务内容	满分	得分
本项任务在1课时内完成	10	
门窗插入正确	30	
掌握门窗整理	25	
能绘制门窗表	25	
使用门窗调位	10	

练习题

一、绘图题

分别绘制带型窗和门窗表，如图 1-4-73 和图 1-4-74 所示。

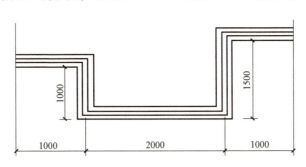

图　1-4-73

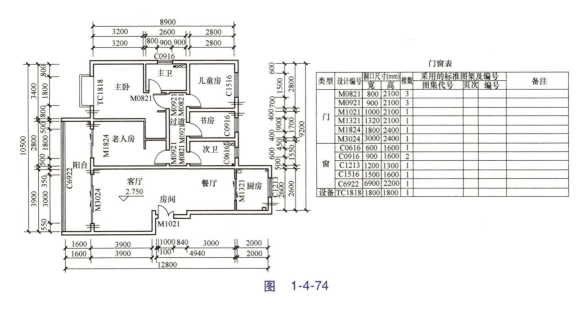

图　1-4-74

二、选择题

1. 用（　　）命令可以修改门高的参数。

A. 门窗调位　　　　B. 门窗整理　　　　C. 门窗组合　　　　D. 门窗参数

2. 门窗智能插入会自动把墙分为（　　）。

A. 两段　　　　　　B. 三段　　　　　　C. 四段　　　　　　D. 五段

3. 门窗调位不可以根据（　　）命令定距。

A. 墙垛定距　　　　B. 基线定距　　　　C. 轴线定距　　　　D. 宽度定距

4. 带型窗多用于（　　）地方装修。

A. 办公楼　　　　　B. 商场　　　　　　C. 银行　　　　　　D. 居民住宅

5. 如果想调整门窗的位置要利用（　　）命令。

A. 门窗调位　　　B. 两点门窗　　　C. 门窗整理　　　D. 转角窗

6. 门窗总表会根据（　　）而自动绘制。

A. 层高　　　B. 面积　　　C. 房间数　　　D. 窗户数量

7. 门窗的作用不包括（　　）。

A. 保温　　　B. 隔热　　　C. 隔声　　　D. 除味

8. 门窗表不包括（　　）。

A. 门窗类型　　　B. 门窗尺寸　　　C. 门窗数量　　　D. 厂家

技能5 设计楼梯

设计楼梯

技能目标

了解：楼梯的用途及绘制方法。

掌握：直线梯段、弧形梯段、异型梯段、双跑楼梯、多跑楼梯、其他楼梯、自动扶梯、电梯、添加扶手、连接扶手等操作方法。

任务链接

楼梯是建筑物中作为楼层间垂直交通用的构件，用于楼层之间和高差较大时的交通联系。电梯、自动梯作为主要垂直交通手段的多层和高层建筑中也要设置楼梯。高层建筑尽管采用电梯作为主要垂直交通工具，但仍然要保留楼梯供火灾时逃生之用。

楼梯由连续梯级的梯段（又称梯跑）、平台（休息平台）和围护构件等组成。楼梯的最低和最高一级踏步间的水平投影距离为梯长，梯级的总高为梯高。我国战国时期铜器上的重屋形象中已镌刻有楼梯。15~16世纪的意大利，将室内楼梯从传统的封闭空间中解放出来，使之成为形体富于变化带有装饰性的建筑组成部分。

任务实施

（1）梯段的添加

1）直线梯段。在左侧工具栏中单击"建筑设施"→"直线梯段"，弹出"直线梯段"对话框，根据需要设置直线梯段的剖断种类、起始高度、梯段高度、梯段宽、踏步宽度、踏步高度、踏步数目、视图控制和定位（本例选择对话框中左边第一个"无剖断"、起始高度为"0"、梯段高度为"1500"、梯段宽为"1200"、踏步宽度为"300"、踏步高度为"150"、踏步数目为"10"、视图控制选择"自动"、定位选择"左下角"），单击需要插入直线梯段的位置，生成直线梯段，如图1-5-1~图1-5-3所示。

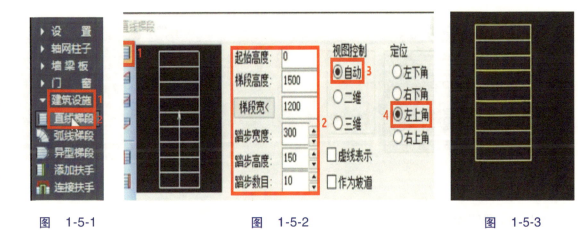

图 1-5-1　　　　　　　　　图 1-5-2　　　　　　　　　图 1-5-3

2）弧形梯段。在左侧工具栏中单击"建筑设施"→"弧线梯段"，弹出"弧线梯段"对话框，根据需要设置弧形梯段的剖断种类、内半径、外半径、圆心角度、起始高度、梯段高度、楼梯宽度、踏步高度、踏步数目、上楼方向、视图控制和定位（本例选择对话框中左边第一个"无剖断"、内半径为"800"、外半径为"2000"、圆心角度为"180"、起始高度为"0"、梯段宽度为"1500"、楼梯宽度为"1200"、踏步高度为"150"、踏步数目为"10"、上楼方向选择"逆时针"、视图控制选择"自动"、定位选择"起始内"），单击需要插入弧形梯段的位置，生成弧形梯段，如图1-5-4~图1-5-6所示。

图 1-5-4　　　　　　　　　图 1-5-5　　　　　　　　　图 1-5-6

3）异型梯段。绘制出需要的异型梯段的外形路径，然后单击左侧工具栏中"建筑设施"→"异型梯段"，根据命令的提示依次选择绘制好的路径，弹出"异型梯段"对话框，根据需要设置异型梯段的剖断种类、起始高度、梯段高度、踏步高度、踏步数目和视图控制（本例选择对话框中左边第一个"无剖断"、起始高度为"0"、梯段高度为"1500"、踏步高度为"150"、踏步数目为"10"、视图控制选择"自动"），单击"确定"，生成异型梯段，如图1-5-7 ~ 图1-5-9所示。

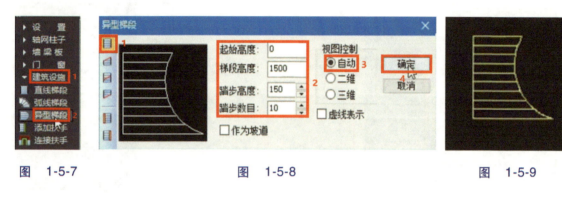

图　1-5-7　　　　　　　图　1-5-8　　　　　　　图　1-5-9

（2）楼梯的添加

1）双跑楼梯。在左侧工具栏中单击"建筑设施"→"双跑楼梯"，弹出"双跑平行梯"对话框，根据需要设置双跑楼梯的楼梯高度、梯间宽、梯段宽度、梯井宽度、直平台宽、踏步高度、踏步宽度、踏步总数、一跑步数、二跑步数、扶手高度、扶手宽度、扶手距边、楼梯的显示方式、休息平台的形状、上楼的左右、扶手的内外和是否要生成栏杆、箭头（本例楼梯高度为"3300"、梯间宽为"2800"、梯段宽度为"1350"、梯井宽度为"100"、直平台宽为"1350"、踏步高度为"165"、踏步宽度为"260"、踏步总数为"20"、一跑步数为"10"、二跑步数为"10"、扶手高度为"900"、扶手宽度为"60"、扶手距边为"0"、楼梯的显示方式选择对话框左下边第五个"标准层楼梯-本层和下层"、休息平台的形状选择对话框左下边第七个"矩形休息平台"和第九个"梯段齐平台"、上楼选择对话框左下边第十二个"左边上楼"、扶手选择对话框左下边第十四个"内侧扶手"、选择"自动生成内侧栏杆"和"创建箭头"），先选取平台左侧，再选取平台右侧，生成双跑楼梯，如图1-5-10 ~ 图1-5-12所示。

图　1-5-10

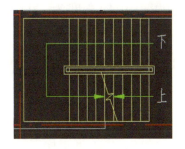

图 1-5-11 　　　　　　　　　　　图 1-5-12

2）多跑楼梯。在左侧工具栏中单击"建筑设施"→"多跑楼梯"，弹出"多跑梯段"对话框，根据需要设置楼梯高度、楼梯宽度、扶手高度、扶手宽度、扶手距边、踏步高度、踏步宽度、踏步数目、楼梯的显示方式、定位和是否自动生产内侧（本例楼梯高度为"3000"、楼梯宽度为"1200"、扶手高度为"900"、扶手宽度为"60"、扶手距边为"0"、踏步高度为"150"、踏步宽度为"300"、踏步数目为"20"、楼梯的显示方式选择对话框左下第二个"标准层楼梯-本层和下层"、定位选择对话框左下第四个"左边定位"），单击即可生成多跑楼梯，如图1-5-13～图1-5-15所示。多跑楼梯输入楼梯高度自动计算踏步高度。

图 1-5-13

图 1-5-14 　　　　　　　　　　　图 1-5-15

3）其他楼梯。在左侧工具栏中单击"建筑设施"→"其他楼梯"，弹出"双分平行楼梯"对话框，根据需要设置楼梯的样式和位置，平台参数的平台宽度和平台板厚，扶手设置的扶手高度和两侧是否有扶手，楼梯间尺寸的楼梯间长、楼梯间宽和楼梯高度，梯段参数的中梯宽度、边梯宽度、踏步宽度、踏步高度、中梯步数、边梯步数和总步数（本例楼梯样式选择"双分平行楼梯"、位置选择"中间层"、平台宽度为"1200"、平台板厚为"120"、扶手高度为"900"、选择"两侧有扶手"、楼梯间长为"5460"、楼梯间宽为"4560"、楼梯高度为

"3600"、中梯宽度为"1800"、边梯宽度为"1200"、踏步宽度为"306"、踏步高度为"163.64"、中梯步数为"11"、边梯步数为"11"、总步数为"22"），单击"确定"，选取插入的位置即可生成其他楼梯，如图1-5-16~图1-5-18所示。

4）自动扶梯。在左侧工具栏中单击"建筑设施"→"自动扶梯"，弹出"自动扶梯"对话框。根据需要设置楼层高、梯级宽、旋转角、平台长、倾斜角、层类型、单梯或双梯和运行方向（本例楼层高为"3600"、梯级宽为"1000"、旋转角为"90"、平台长为"2200"、倾斜角为"30.0"、层类型选择"中层"、选择"单梯"、方向选择"标注运行方向"），单击"切换插入点"，选择插入点，生成自动扶梯，如图1-5-19~图1-5-21所示。自动扶梯是没有三维信

图　1-5-16

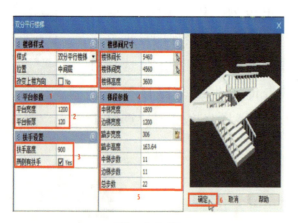

图　1-5-17

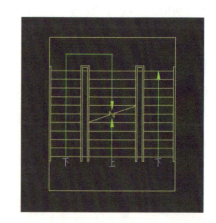

图　1-5-18

图 1-5-19

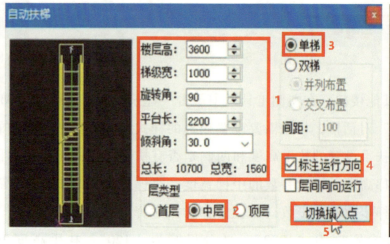

图 1-5-20

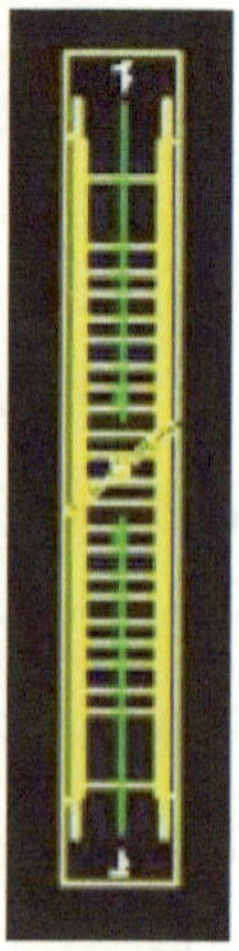

图 1-5-21

息的，单击右上方的"视图"→"三维视图"→"东北等轴测"，可以看到之前做的楼梯是有三维信息的，自动扶梯是没有三维信息的，单击"视图"→"三维视图"→"俯视"，回到俯视图，如图1-5-22～图1-5-24所示。

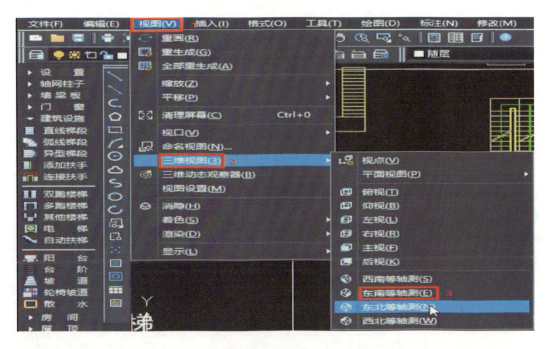

图 1-5-22

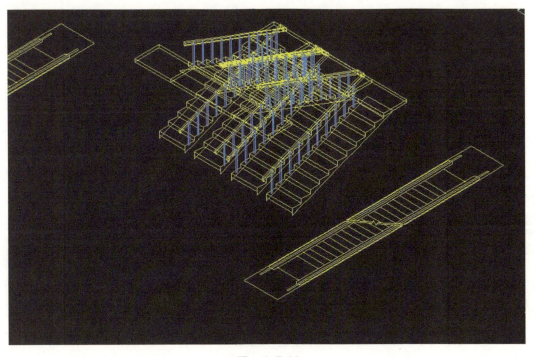

图 1-5-23

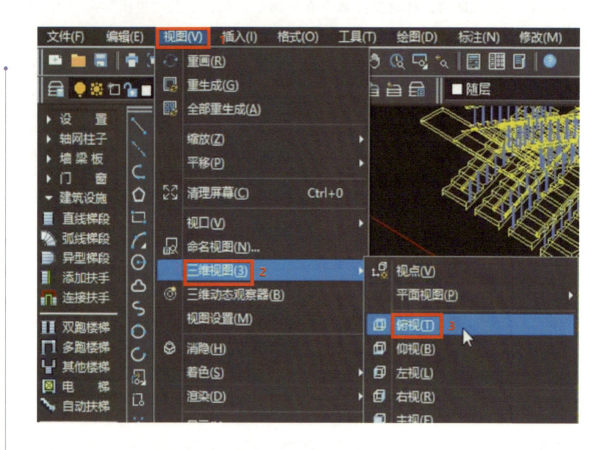

图　1-5-24

5）电梯。在左侧工具栏中单击"墙梁板"→"创建墙梁"，弹出"墙体设置"对话框，根据需要设置墙梁的布置、总宽、左宽、右宽、高度、底高、材料和类型（本例选择对话框左边第二个"矩形布置"、总宽为"240"、左宽为"120"、右宽为"120"、高度为"3000"、底高为"0"、材料为"砖墙"和类型为"内墙"），单击插入墙梁，如图1-5-25和图1-5-26所示。然后在左侧工具栏中单击"建筑设施"→"电梯"，弹出"电梯参数"对话框，根据需要设置电梯类别、载重量、门形式、轿厢宽、轿厢深和门宽，如果尺寸不清楚，对话框右侧是有提示的（本例电梯类别选择"客梯"、载重量为"1000"、门形式为"中分"、轿厢宽为"1600"、轿厢深为"1400"、门宽为"1500"），根据提示单击墙梁的角点→单击电梯门位置的墙线→选取平衡块的另一侧，电梯绘制完成，如图1-5-27～图1-5-29所示。

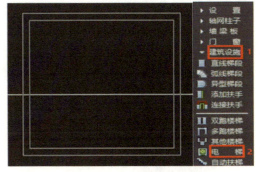

图 1-5-25   图 1-5-26   图 1-5-27

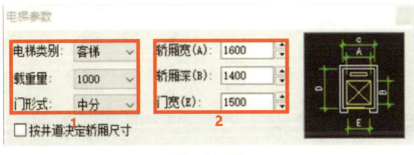

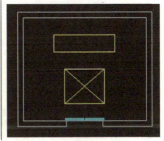

图 1-5-28   图 1-5-29

（3）其他组成部分

1）添加扶手。用单线或多线绘制出扶手的路径，然后在左侧工具栏中单击"建筑设施"→"添加扶手"，弹出"添加扶手"对话框，根据需要设置宽度、高度、距边、对齐、是否删除路径曲线和是否自动计算梯高（本例宽度为"60"、高度为"900"、距边为"0"、对齐选择"中间"、选择"自动计算标高"），选择路径，生成扶手，如图1-5-30～图1-5-32所示。

图 1-5-30

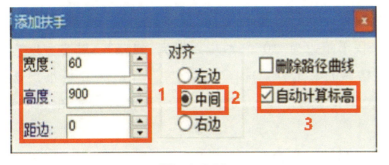

图 1-5-31   图 1-5-32

2）连接扶手。用单线路径绘制出的扶手，是一段一段的且不相连接，在左侧工具栏中单击"建筑设施"→"连接扶手"，按顺序依次选择扶手，空格确认，完成扶手的连接，如图 1-5-33 和图 1-5-34 所示。

图　1-5-33

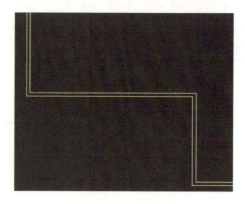

图　1-5-34

任务内容	满分	得分
本项任务在 1 课时内完成	10	
楼梯规格尺寸正确	30	
多跑楼梯绘制正确	25	
三跑楼梯绘制正确	25	
能根据需求进行楼梯绘制的各项选择	10	

一、绘图题

1. 绘制一个楼梯高度为"3100"、楼梯宽度为"1300"、扶手高度为"1000"、扶手宽度为"50"、扶手距边为"0"、踏步高度为"155"、踏步宽度为"350"、踏步数目为"20"、楼梯的显示方式选择对话框左下第二个"标准层楼梯-本层和下层"、定位选择左下第四个"左边定位"的多跑楼梯，如图 1-5-35 所示。

2. 绘制一个位置选择"中间层"、平台宽度为"1200"、平台板厚为"120"、扶手高度为"900"、选择"两侧有扶手"、楼梯间长为"4000"、楼梯间宽为"4000"、楼梯高度为"4000"、梯段宽度为"1200"、中踏步宽度为"200"、边踏步高度为"200"、踏步高为"173.91"、一跑步数为"8"、二跑步数为"7"、三跑步数为"8"、总步数为"23"的三跑楼梯，如图1-5-36所示。

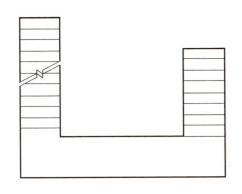

图 1-5-35

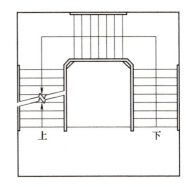

图 1-5-36

二、选择题

1. 双跑楼梯的梯间宽是按（　　）的宽度设置。

A. 楼梯内墙　　　　　B. 楼梯外墙　　　　　C. 楼梯左墙　　　　　D. 楼梯右墙

2. 如果一层到二层绘制异型楼梯，起始高度设置为（　　）。

A. 100　　　　　B. 150　　　　　C. 200　　　　　D. 0

3. 下列选项中（　　）没有三维视图。

A. 直线梯段　　　　　B. 自动扶梯　　　　　C. 弧形梯段　　　　　D. 异型梯段

4. 多跑楼梯的梯高度为3600，踏步数目为24，踏步高度为（　　）。

A. 160　　　　　B. 150　　　　　C. 130　　　　　D. 155

技能 6　设 计 台 阶

设计台阶

技能目标

了解：台阶的种类和布置方法。

掌握：矩形单面台阶、矩形三面台阶、矩形阴角台阶、圆弧台阶和其他台阶。

任务链接

　　台阶的作用是连接室内外高差。台阶的种类有很多，如矩形台阶、弧形台阶、半圆台阶等。布置方法只有两种：固定长度和两点外延。掌握布置方法是设计台阶的重要任务。

在建筑专业中大家可能更常用踏步来称呼台阶。台阶是指建筑中连接室内错层楼（地）面或室内与室外地坪的过渡设施。而楼梯是建筑中联系上下楼层之间交通的设施。

任务实施

1）打开中望 CAD 教育版 2019 软件，在左侧工具栏单击"建筑设施"→"台阶"→"矩形单面台阶"→台阶高度设置为"450"（室内外高差 450）→踏步高度设置为"225"→踏步数目设置为"2"→踏步宽度设置为"300"→平台宽度设置为"400"→台阶标高设置为"0"→平台长度设置为"2600"→布置方式选择"固定长度"→单击图中门口的左侧，再单击门口的右侧，确定，完成布置，如图 1-6-1 和图 1-6-2 所示。

图　1-6-1

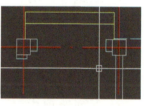

图　1-6-2

2）在左侧工具栏单击"建筑设施"→"台阶"→"矩形三面台阶"→布置方式选择"两点外延"→外延长度设置为"300"，单击图中门口的左侧，再单击门口的右侧，确定，可以发现台阶距离门口有 300 的距离，这就是两点外延和固定长度的区别，如图 1-6-3 和图 1-6-4 所示。

图　1-6-3

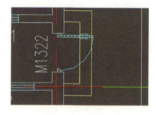

图　1-6-4

3）在左侧工具栏单击"建筑设施"→"台阶"→"圆弧台阶"→为了美观把踏步数目设置为"3"，单击图中门口的左侧，再单击门口的右侧，确定，完成圆弧台阶，如图 1-6-5 和图 1-6-6 所示。

4）在左侧工具栏单击"建筑设施"→"台阶"→"圆弧台阶"→布置方式设置为"固定长度"→平台宽度和平台长度设置为相同的数字，单击图中门口的左侧，再单击门口的右侧→确定，完成半圆台阶，如图1-6-7和图1-6-8所示。

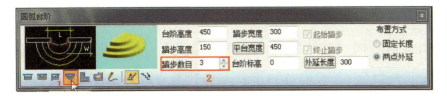

图　1-6-5

图　1-6-7

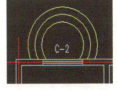

图　1-6-6

图　1-6-8

5）在左侧工具栏单击"建筑设施"→"阳台"→"直线型阳台"，单击图中门口的左侧，再单击门口的右侧→确定，完成阳台的绘制，如图1-6-9和图1-6-10所示。

图　1-6-9

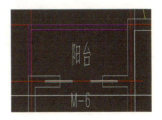

图　1-6-10

 任务评价

任务内容	满分	得分
本项任务在1课时内完成	10	
能正确生成阳台	30	
能正确生成台阶	35	
台阶尺寸标注清晰	25	

大国工匠

李春是我国隋代著名的桥梁工匠，他建造了举世闻名的赵州桥，开创了我国桥梁建造的崭新局面，为我国桥梁技术的发展做出了巨大贡献。我们仅能根据唐代中书令张嘉贞为赵州桥所写的"铭文"中有："赵郡洨河石桥，隋匠李春之迹也，制造奇特，人不知其所以为。"我们方知道是李春建造了这座有名的大石桥。李春的名字和这座现存世界上最早的石拱桥的名字紧紧地联系在一起。其价值并不在于是否世界第一，更重要的这是建筑与科学、建筑与审美、建筑与文化结合的典范作品。

练习题

1. 给这个空间画出阳台，如图 1-6-11 所示。

2. 画出圆弧台阶，布置方式使用两点外延，室内外高差为 650，如图 1-6-12 所示。

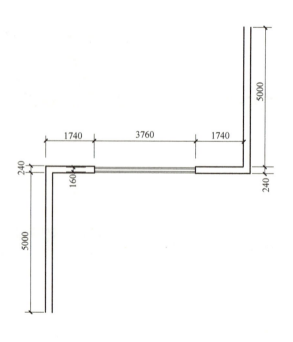

图　1-6-11

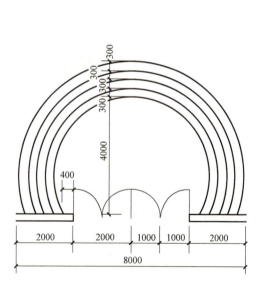

图　1-6-12

设计散水

技能 7 设计散水

技能目标

了解：散水的作用。

掌握：散水参数设置、伸缩缝的应用、散水智能遮挡等操作方法。

任务链接

散水是指房屋外墙四周的楼角处有一定坡度的散水坡，它的作用是迅速排走楼角处的雨水，避免雨水冲刷或者渗透到地基，防止地基下沉。这是保护房屋基础的有效措施之一。

任务实施

（1）散水参数设置 单击左侧屏幕菜单"建筑设施"下拉列表中的"散水"即可设置散水参数（以散水宽度"600"，室内外高差"450"为例），勾选"创建室内外高差平台"（在软件中有三维信息，勾选"创建室内外高差平台"可以在生成立面的同时给出室内外高差信息）→伸缩缝宽度设置为"100"，框选所需要生成散水的建筑→空格将会自动生成，如图1-7-1~图1-7-4所示。

（2）伸缩缝的应用 当伸缩缝宽度设置大于或等于两栋建筑之间的缝隙时，系统默认两栋建筑为一个整体自动生成散水。单击左侧屏幕菜单"建筑设施"下拉列表中的"散水"→伸缩缝宽度设置为"100"→框选缝隙为80的两栋建筑→空格即可自动生成一个整体散水，如图1-7-5~图1-7-8所示。

当伸缩缝宽度设置小于两栋建筑之间的缝隙时，系统将不会默认两栋建筑为一个整体而生成一个散水。单击左侧屏幕菜单"建筑设施"下拉列表中的"散水"→伸缩缝宽度设置为"100"，框选缝隙为120的两栋建筑→空格自动生成一个右边建筑的散水，如图1-7-9~图1-7-11所示。

（3）散水智能遮挡 当台阶把散水智能遮挡住时，单击左侧屏幕菜单"设置"下拉列表中的"○遮挡开○"即可切换成"○遮挡关○"，根据需求调整即可，如图1-7-12~图1-7-14所示。遮挡关系可以遮挡台阶、阳台、坡道、柱子、墙体造型等。

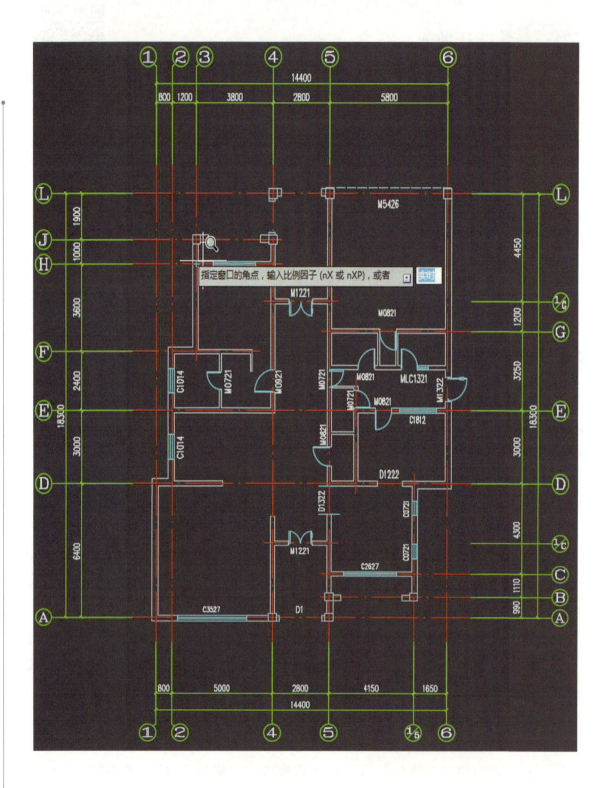

图　1-7-1

图　1-7-2

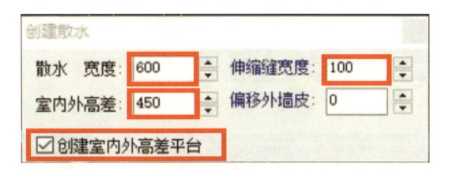

图　1-7-3

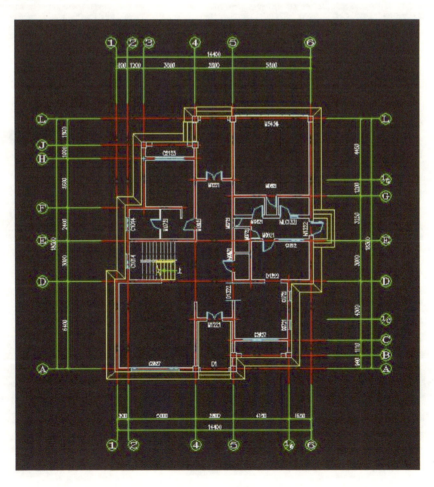

图　1-7-4

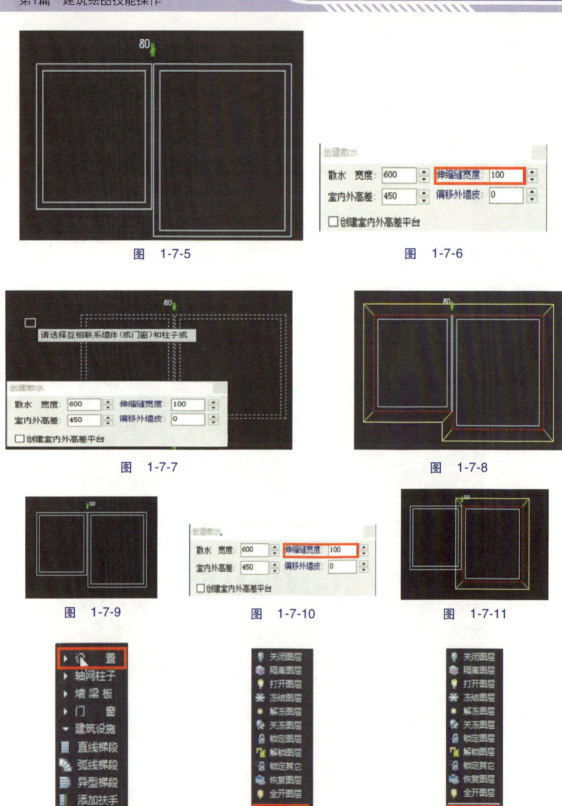

图 1-7-5

图 1-7-6

图 1-7-7

图 1-7-8

图 1-7-9

图 1-7-10

图 1-7-11

图 1-7-12

图 1-7-13

图 1-7-14

任务评价

任务内容	满分	得分
本项任务在1课时内完成	10	
散水参数设置	30	
掌握伸缩缝的应用	25	
能绘制散水	25	
使用散水智能遮挡	10	

练习题

一、绘图题

绘制一个散水宽度为600、室内外高差为450、伸缩缝宽度为100的散水，如图 1-7-15 所示。

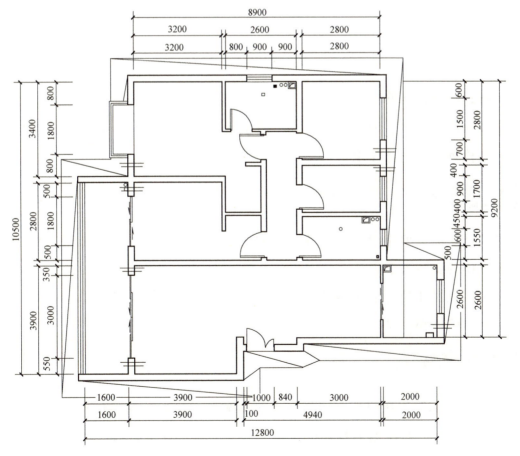

图 1-7-15

二、选择题

1. 当伸缩缝宽度设置（　　）两栋建筑之间的缝隙时，系统默认两栋建筑为一个整体自动生成散水。

　A. 大于或等于　　　　　　　　　　B. 大于

　C. 小于或等于　　　　　　　　　　D. 小于

2. 遮挡关系不能遮挡（　　）。

　A. 台阶　　　　　　　　　　　　　B. 坡道

　C. 柱子　　　　　　　　　　　　　D. 门窗

3. 散水的作用不包括（　　）。

　A. 避免雨水冲刷　　　　　　　　　B. 为了美观

　C. 防止渗透地基　　　　　　　　　D. 防止地基下沉

技能 8　门窗标注

门窗标注

技能目标

了解：门窗标注的绘制方法。

掌握：门窗标注、内门标注、墙厚墙中标注、逐点标注、外包尺寸、标高标注、标高检查、右键标注编辑。

任务链接

虽然已经清楚形体的形状和各部分的相互关系，但还必须注上尺寸标注，才能明确形体的实际大小和各部分的相对位置。

门窗标注尺寸是为了在建筑图中，清楚明白门窗的位置和大小，在此之前我们要绘制出墙体和门窗，对它们进行标注和定位。

任务实施

（1）门窗标注　在门窗已绘制完成的情况下，找到门窗的位置、第一道和第二道尺寸的位置，在左侧工具栏中单击"尺寸标注"→"门窗标注"，根据下边命令栏中的命令提示，选择起点门窗的里边，穿过窗户（拾取要标注的窗户）、第一道和第二道尺寸线（定位门窗标注的位置），单击外侧，完成门窗相关的尺寸标注，如图1-8-1~图1-8-3所示。

图　1-8-1

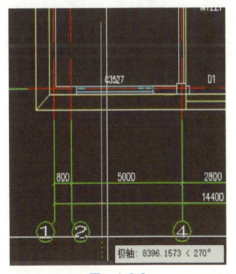

图　1-8-2

根据系统提示"选择其他墙段"，框选，框选的窗和门生成尺寸标注，如图1-8-4~图1-8-6所示。

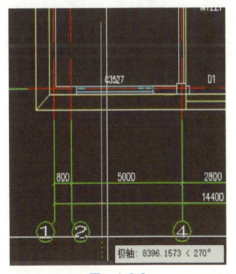

图　1-8-3

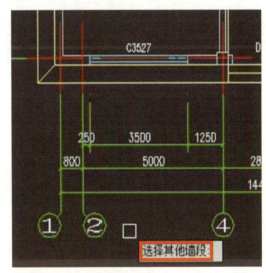

图　1-8-4

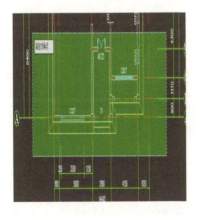

图　1-8-5

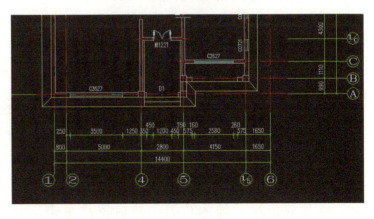

图　1-8-6

（2）内门标注 在门窗已绘制完成的情况下，在左侧工具栏中单击"尺寸标注"→"内门标注"，根据下边命令栏中的命令提示，选取门窗，选取尺寸线位置，完成内门标注，如图 1-8-7~图 1-8-9 所示。

输入命令"A"或单击下边命令栏中的"垛宽定位"切换到垛宽定位，单击墙体，完成垛宽定位的内门标注，如图 1-8-10和图 1-8-11 所示。

图 1-8-7

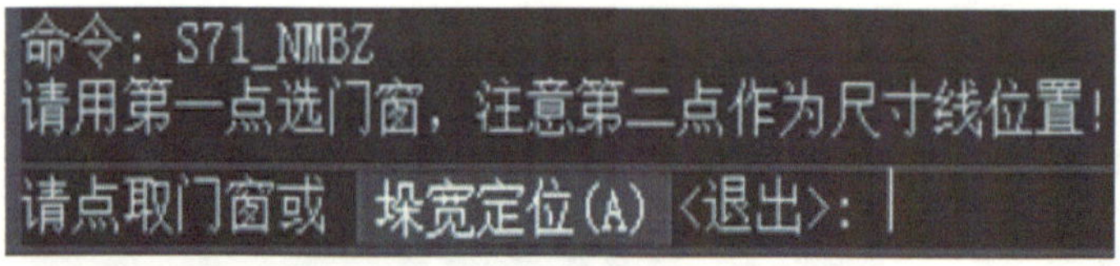

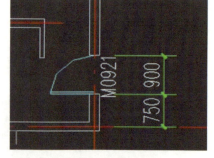

图 1-8-8

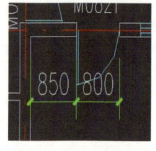

图 1-8-9

图 1-8-10

图 1-8-11

（3）墙厚墙中标注 在左侧工具栏中单击"尺寸标注"→"墙厚标注"，根据下边命令栏中的命令提示，选取第一点，穿过需要标注的墙体，选取第二点，穿过的墙体生成墙厚标注。如图 1-8-12~图 1-8-14 所示。

在左侧工具栏中单击"尺寸标注"→"墙中标注"，选取第一点，穿过需要标注的墙体，选取第二点，空格确定，完成墙中的标注，如图 1-8-15~图 1-8-17 所示。

（4）逐点标注 在左侧工具栏中单击"尺寸标注"→"逐点标注"或者右击任意地方，弹出的对话框中单击"逐点标注"，第一点和第二点选择墙体的外轮廓，第三点是确定尺寸线的位置，然后依次单击墙体外轮廓，完成逐点标注，如图 1-8-18~图 1-8-21 所示。

图 1-8-12

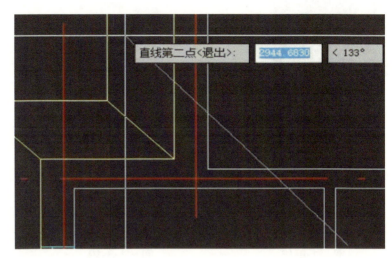

图 1-8-13

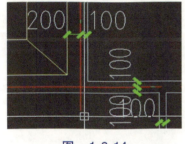

图 1-8-14

图 1-8-15

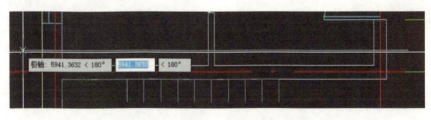

图 1-8-16

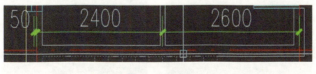

图 1-8-17

（5）外包尺寸 在左侧工具栏中单击"尺寸标注"→"外包尺寸"，框选全部墙体，单击确定，如图 1-8-22 和图 1-8-23 所示。

选择第一道和第三道尺寸线，空格确定，完成外包尺寸标注，如图 1-8-24 和图 1-8-25 所示。

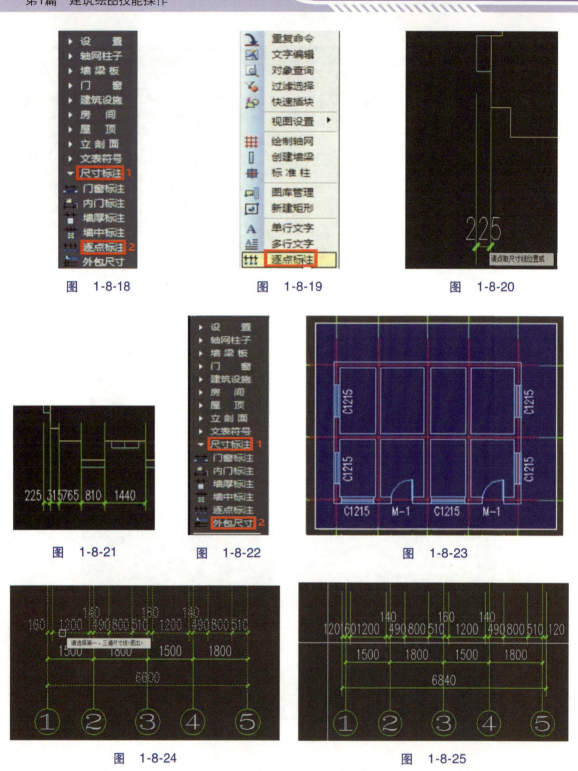

图　1-8-18　　　　　　　　图　1-8-19　　　　　　　　图　1-8-20

图　1-8-21　　　　　　　图　1-8-22　　　　　　　　图　1-8-23

图　1-8-24　　　　　　　　　　　　图　1-8-25

（6）标高标注　在左侧工具栏中单击"尺寸标注"→"标高标注"，弹出"建筑标高"对话框，根据需要设置标高型式（本例选择"标准型式"），如图1-8-26和图1-8-27所示。

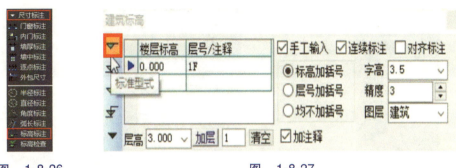

图 1-8-26   图 1-8-27

单击±0.000 的尺寸线的位置，放置到右侧的位置，勾选"对齐标注"使标注的位置一致，取消勾选"手工输入"会根据图纸的计算，自动生成标高，取消勾选"对齐标注"可以对门窗进行标高标注，如图 1-8-28～图 1-8-31 所示。

图 1-8-28

图 1-8-29

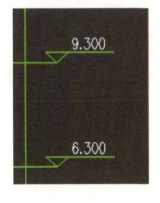

图 1-8-30

图 1-8-31

（7）标高检查   在左侧工具栏中单击"尺寸标注"→"标高检查"，选择基准标高，如图 1-8-32 和图 1-8-33 所示。

框选待检查的标高，确定，错误的标高会出现红色的框，单击下边工具栏中的"纠正标高"，会自动修改错误的标高，如图 1-8-34～图 1-8-37 所示。

图　1-8-32

图　1-8-33

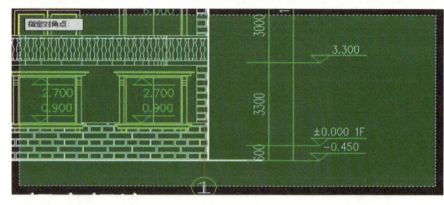

图　1-8-34

图　1-8-35

图　1-8-36

图　1-8-37

（8）右键标注编辑

1）剪裁延伸。选中尺寸线→右击，选择"剪裁延伸"，选择基准点，选择需要延伸的尺寸线，完成延伸，如图1-8-38~图1-8-40所示。

2）取消尺寸。选中尺寸线→右击，选择"取消尺寸"，选择待取消的尺寸，完成取消尺寸，如图1-8-41~图1-8-43所示。

3）连接尺寸。选中尺寸线→右击，选择"连接尺寸"，框选待连接的尺寸线，完成连接，如图1-8-44~图1-8-46所示。

4）增补尺寸。选中尺寸线→右击，选择"增补尺寸"，单击需要增补的点，完成增补尺寸，如图1-8-47~图1-8-49所示。

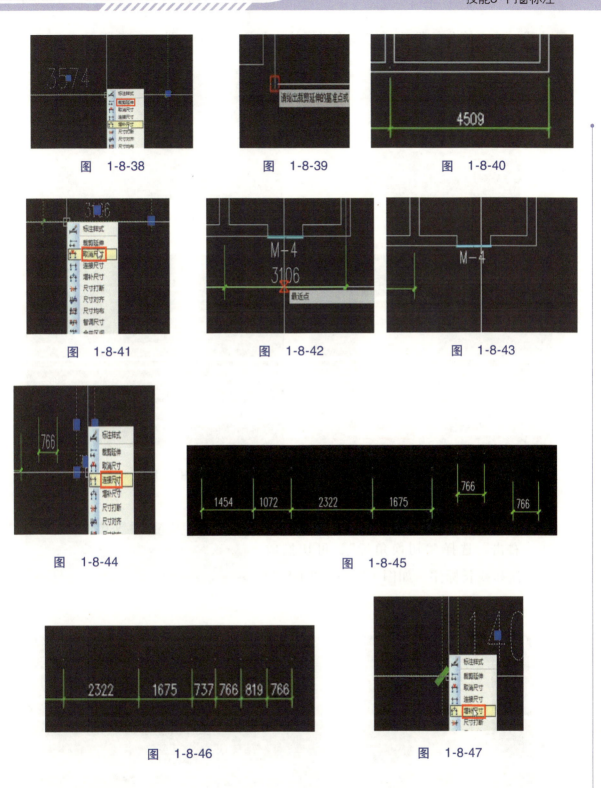

图 1-8-38　　　　　图 1-8-39　　　　　图 1-8-40

图 1-8-41　　　　　图 1-8-42　　　　　图 1-8-43

图 1-8-44　　　　　　　　　图 1-8-45

图 1-8-46　　　　　　　　　图 1-8-47

5）合并区间。选中尺寸线→右击，选择"合并区间"，单击需要合并的尺寸线，完成合并，如图1-8-50~图1-8-52所示。

6）等式标注。选中尺寸线→右击，选择"等式标注"，单击需要等式标注的尺寸线，输入等分的份数，完成等式标注，如图 1-8-53～图 1-8-55 所示。

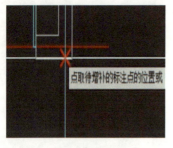

图　1-8-48

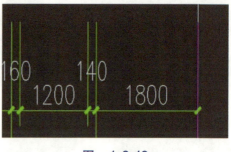

图　1-8-49

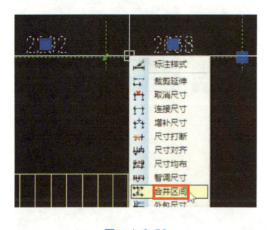

图　1-8-50

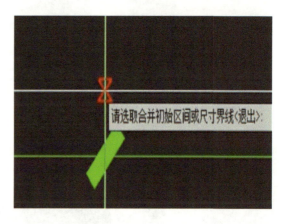

图　1-8-51

7）切换角标。选中弧长标注绘制的尺寸线→右击，选择"切换角标"，可切换成角度标注和线长标注，如图 1-8-56～图 1-8-59 所示。

图　1-8-52

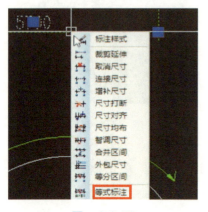

图　1-8-53

图　1-8-54

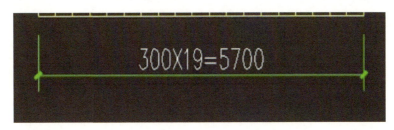

图　1-8-55

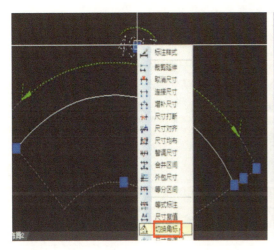

图　1-8-56

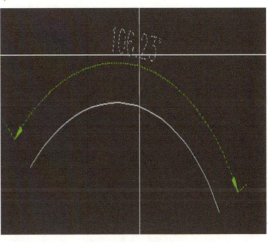

图　1-8-57

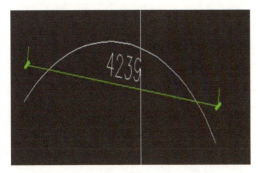

图　1-8-58

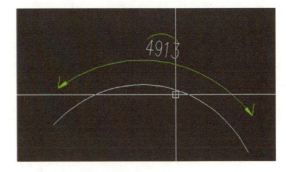

图　1-8-59

任务评价

任务内容	满分	得分
本项任务在1课时内完成	10	
门窗标注正确	30	
外包尺寸标注绘制正确	25	
角度标注绘制正确	25	
会根据需求进行不同类型标注	10	

练习题

一、绘图题

1. 绘制一个角度标注的圆弧，如图 1-8-60 所示。

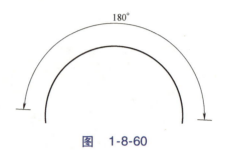

图　1-8-60

2. 绘制出任意尺寸的外包标注，如图 1-8-61 所示。

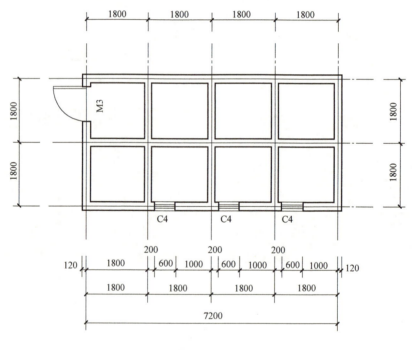

图　1-8-61

二、选择题

1. 外包尺寸标注选择（　　）尺寸线。

A. 第一道和第二道　　　　　　B. 第二道和第三道

C. 第一道和第三道　　　　　　D. 第一道、第二道和第三道

2. 要对齐标高标注，勾线标高标注对话框中的（　　）命令。

A. 对齐标注   B. 连续标注

C. 自动标注   D. 手工输入

3. 逐点标注的（   ）确定尺寸线的位置。

A. 第一点   B. 第二点

C. 第三点   D. 第四点

4. 标高检查检查出错误的标高会用（   ）的框框出错误的标高。

A. 绿色   B. 蓝色

C. 红色   D. 紫色

技能9 总图平面

总图平面

技能目标

了解：如何布置绿化、布置车位、红线绘制和各种图例。

掌握：布置绿化的方式、车位的种类、红线的用途、图例的种类。

任务链接

建筑总图主要是表示建筑在基地上的布置位置以及交通、消防流线组织，停车位、广场等的功能分区关系，还表现建筑的层数、容积率、建筑密度、绿化率等各项经济指标。

本节讲解绿化的各种布置方式，车位的种类和布置方式，红线的使用和图例的使用。

任务实施

（1）布置绿化

1）打开中望 CAD 教育版 2019 软件，在左侧工具栏中单击"总图平面"→"树木布置"→"树冠半径"选择"600"→布置方式选择"单个插入"→任意选择下方的绿植种类→在任意位置单击即可，如图 1-9-1 所示。

2）布置方式选择"沿线布置"，选择一条曲线，输入偏移量 3000→确认，如图 1-9-2 ~ 图 1-9-4 所示。

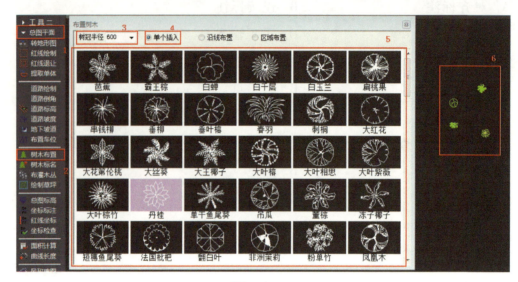

图   1-9-1

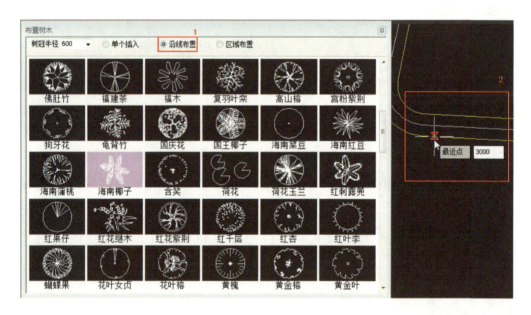

图   1-9-2

图   1-9-3

图 1-9-4

3）布置方式选择"区域布置"，按住\<Ctrl\>键可以选择多个树植，选择一条闭合的多段线→确认，系统会随机摆放此区域内的树植，大小也是随机的，如图 1-9-5 和图 1-9-6 所示。

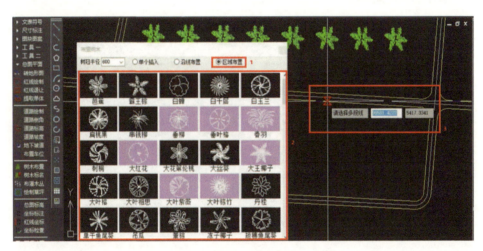

图 1-9-5

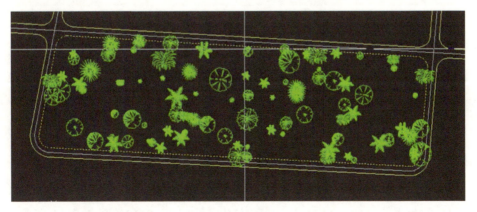

图 1-9-6

（2）树木标名　在左侧工具栏中单击"树木标名"，单击任意树木，单击第二个落点，完成标名，如图1-9-7所示。

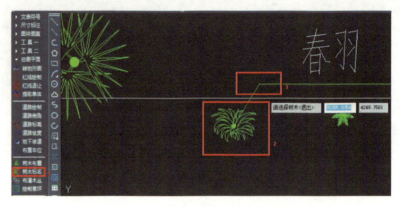

图　1-9-7

（3）绘制草坪　在左侧工具栏中单击"绘制草坪"，单击任意两点，确定草坪大小，如图1-9-8所示。

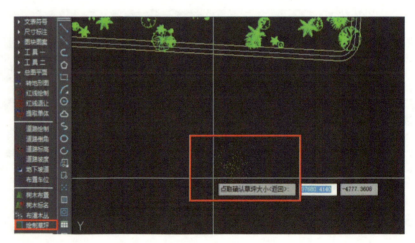

图　1-9-8

（4）布置车位

1）在左侧工具栏中单击"总图平面"→"布置车位"，弹出"布置车位"对话框，根据需要设置车位宽度、车位深度、车位排数、倾斜角度、车位样式（本例车位宽度设置为"2500"、车位深度设置为"6000"、车位排数设置为"单排"、倾斜角度设置为"90"、车位样式选择"有停车"），单击任意两点，完成车位布置，如图1-9-9～图1-9-11所示。

2）单击"布置车位"对话框中的"交换"，车位深度和宽度的参数进行交换，单击任意两点，车位的位置发生了变化，如图1-9-12～图1-9-14所示。

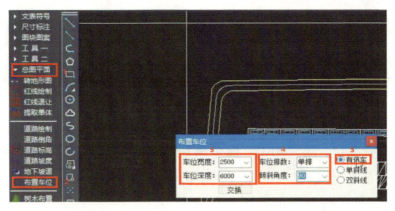

图 1-9-9

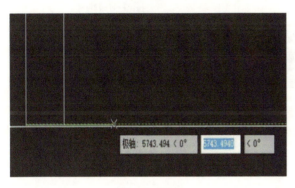

图 1-9-10

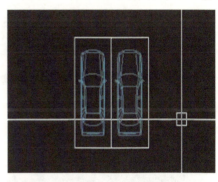

图 1-9-11

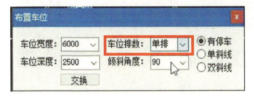

图 1-9-12

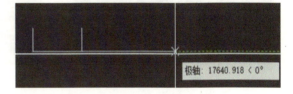

图 1-9-13

3）将"车位排数"改为"双排"→单击任意两点，就会出现两排车位，如图 1-9-15～图 1-9-17 所示。

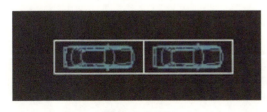

图 1-9-14

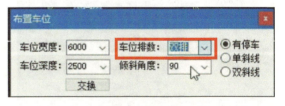

图 1-9-15

4）将"车位样式"改成"单斜线"，单击任意两点，就会出现两排有一条斜线的车位，如图 1-9-18～图 1-9-20 所示。

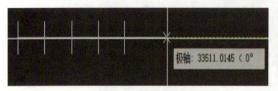

图　1-9-16

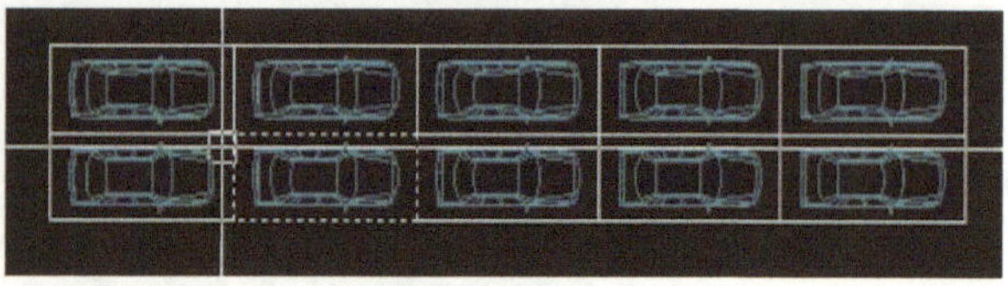

图　1-9-17

5）曲线布置车位，用"ARC"命令画一段圆弧→"车位布置"，选择底部命令栏中的"沿曲线布置"→单击画好的曲线，完成曲线布置车位，如图1-9-21~图1-9-23所示。

图　1-9-18

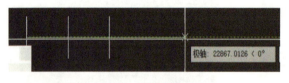

图　1-9-19

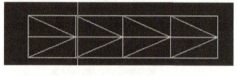

图　1-9-20

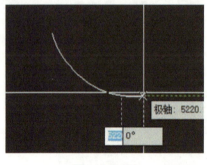

图　1-9-21

图　1-9-22

6）将"倾斜角度"设置为"60"，单击任意两点，就会出现两排倾斜的车位，如图1-9-24~图1-9-26所示。

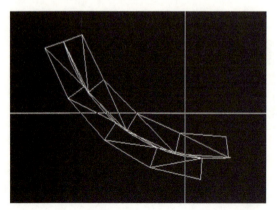

图　1-9-23

图　1-9-24

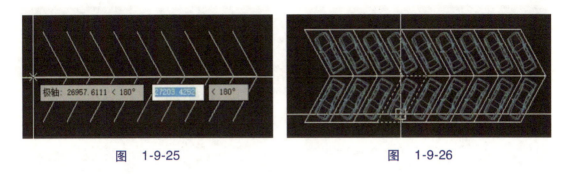

图 1-9-25   图 1-9-26

（5）红线绘制

1）红线是建筑范围最外围的划线，在左侧工具栏中单击"总图平面"→"红线绘制"→在绘图区绘制出红线，如图1-9-27所示。

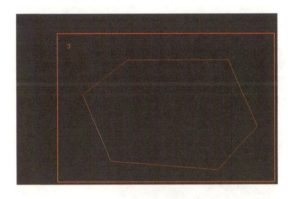

图 1-9-27

2）有时候政府拓宽车道可能会占用到红线内的部分，这时在左侧工具栏中单击"总图平面"→"红线退让"，选择画好的红线，选择退让部分→确定，输入退让距离"3500"，输入退让距离"0"，删除原有的红线，如图1-9-28~图1-9-31所示。

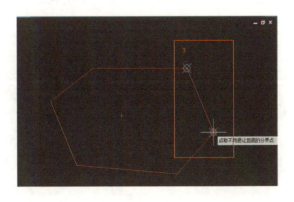

图 1-9-28

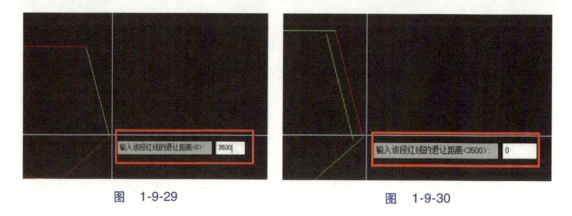

图　1-9-29　　　　　　　　　　　　图　1-9-30

（6）角点标注　在左侧工具栏中单击"总图平面"→"坐标标注"，取任意一点作为基点，坐标的数值根据光标的位置改变而改变，单击红线的角点，再单击一个落点，完成标注，如图 1-9-32～图 1-9-34 所示。

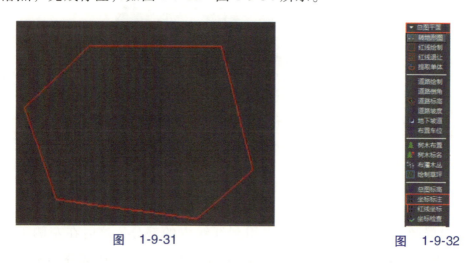

图　1-9-31　　　　　　　　　　　　　　图　1-9-32

（7）坐标检查　将一个坐标的数值改变→在左侧工具栏中单击"总图平面"→"坐标检查"，框选坐标位置→确定，错误的坐标就会被红色框框中→在下方命令栏中选择"纠正坐标"，系统会自动纠正坐标，如图 1-9-35～图 1-9-39 所示。

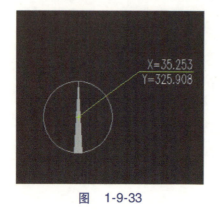

图　1-9-33

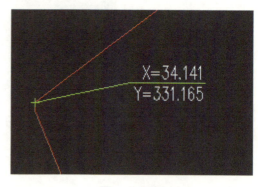

图　1-9-34

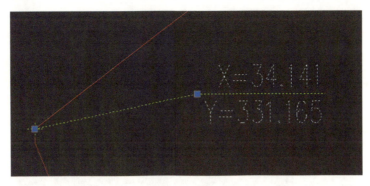

图 1-9-35

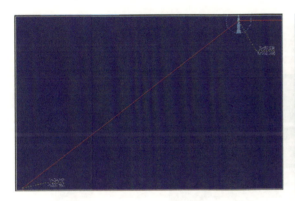

图 1-9-36

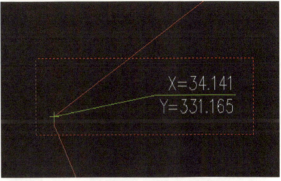

图 1-9-37

图 1-9-38

（8）图例

1）风玫瑰图。在左侧工具栏中单击"总图平面"→"风玫瑰图"→确定，在绘图区单击任意一点，指定北方向完成摆放，如图 1-9-40 ~图 1-9-42 所示。

2）指北针。在左侧工具栏中单击"总图平面"→"指北针"→在绘图区单击任意一点为指北针落点，再单击第二点为北的方向，如图 1-9-43 ~图 1-9-45 所示。

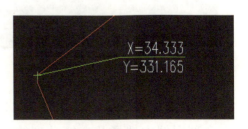

图 1-9-39

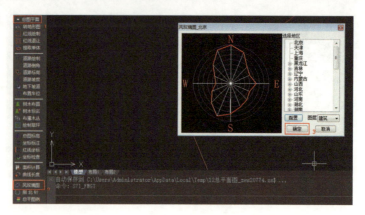

图 1-9-40

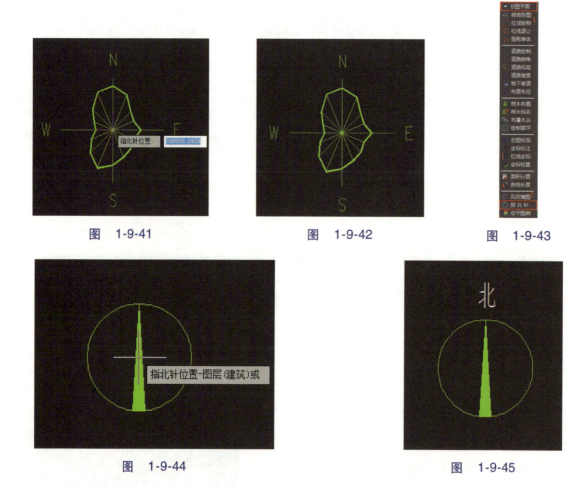

图 1-9-41   图 1-9-42   图 1-9-43

图 1-9-44   图 1-9-45

3）总平图例。在左侧工具栏中单击"总图平面"→"总平图例"→"清空"→在全部图例中选择几个挪动到绘制图例框中→确定，单击绘图区任意一点放置总平图例，这时看不到图例中的文字，使用"ST"命令→勾选大字体→应用→确认，文字就可以显示出来了，如图 1-9-46～图 1-9-49 所示。

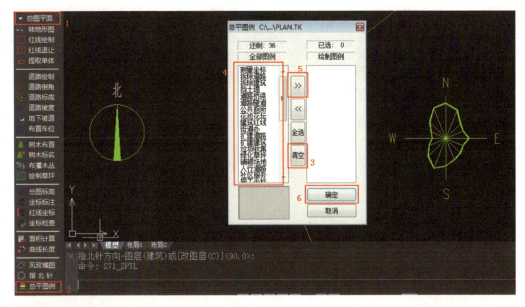

图　1-9-46

图　1-9-47

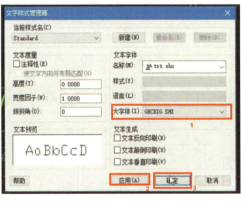

图　1-9-48

图　1-9-49

 任务评价

任务内容	满分	得分
本项任务在 1 课时内完成	10	
能正确生成车位	30	
能正确生成绿植	35	
绿植名称标注清晰	25	

大国工匠

　　1928 年，梁思成受邀担任沈阳东北大学建筑系的系主任。虽然条件艰苦，但他们满腔热忱，把建筑系当作自己的孩子，致力于中国建筑学发展。后又加入中

国营造学社，专心中国建筑史的研究。他们有时候爬到屋顶上观察建筑，有时候为了赶路搭坐骡车，风餐露宿，经常在野外工作，十几年拖着生病的身体走遍中国大江南北，获得巨大的成就。

他带领学社成员调查了 137 个县市，研究了 1823 座古建筑，绘制图纸 1898 张，成为名副其实的中国古建筑奠基人。

绘图题

1. 为图 1-9-50 所示的空间画出一排有停车的车位。

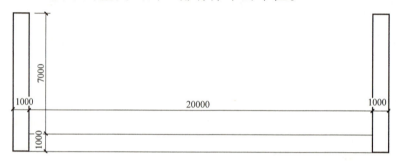

图 1-9-50

2. 为图 1-9-51 所示的空间布满绿植，并给绿植标名。

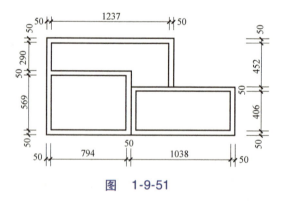

图 1-9-51

技能 10 文表符号

文表符号

技能目标

了解：各类符号和文字的用途。

掌握：插入各类符号和文字的方法。

任务链接

文表符号能使人快速地找到自己需要的位置，使画面变得简洁明了。

文表符号是由多种符号和文字组成的，是根据平面的需要所决定的。

符号的种类：图名标注、指北针、剖切符号、折断符号、索引符号、详图符号、箭头引注、做法标注等。

文表的种类：表格的新建与编辑、单行文字、多行文字等。

在绘制完平面布置后，要给其加一些文表符号。

任务实施

（1）图名标注　单击左侧屏幕菜单"文表符号"下拉列表中的"图名标注"，弹出"图名标注"对话框（其中左侧的文字样式及文字高度是图名的设置，右侧的文字样式及文字高度是比例的设置）→在图名处输入一层平面图→光标移至绘图区单击空白处即可添加完成，如图 1-10-1~图 1-10-5 所示。

图　1-10-1

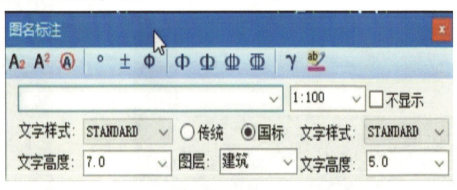

图　1-10-2

图　1-10-3

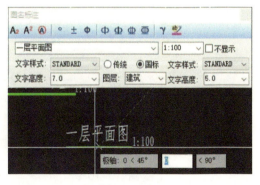

图　1-10-4

　　图名标注可以根据需要改变样式，例如使用传统样式并且不显示比例（传统样式图名下边为双线），如图 1-10-6 和图 1-10-7 所示。

　　（2）指北针　单击左侧屏幕菜单"文表符号"下拉列表中的"指北针"→光标移至绘图区单击空白处即可确定指北针的位置，确定指北针方向即可完成绘制，如图 1-10-8～图 1-10-11 所示。

图　1-10-5

图　1-10-6

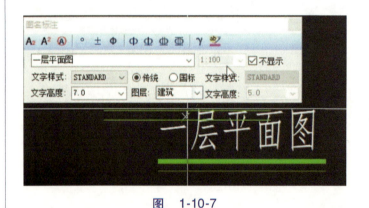

图　1-10-7

图　1-10-8

图　1-10-9

图　1-10-10

（3）剖切符号　单击左侧屏幕菜单"文表符号"下拉列表中的"剖切符号"，弹出"剖切标注"对话框（剖切编号可以自动排序或者手动输入）→点取第一个剖切点→点取第二个剖切点→点取剖视方向即可完成绘制，如图1-10-12～图1-10-16所示。

图　1-10-11

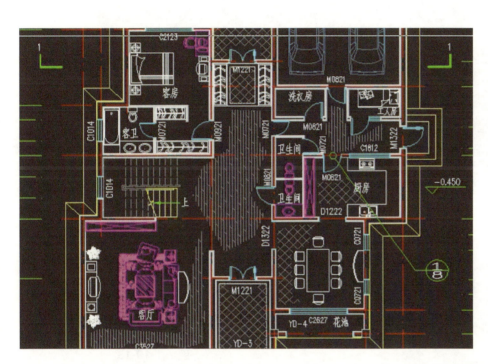

图　1-10-12

图　1-10-13

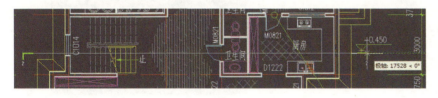

图　1-10-14

图　1-10-15

（4）折断符号　单击左侧屏幕菜单"文表符号"下拉列表中的"折断符号"，点取折断线起点，点取折断线终点，使用修剪命令（TR）剪掉不需要的部分，即可完成绘制，如图1-10-17～图1-10-21所示。

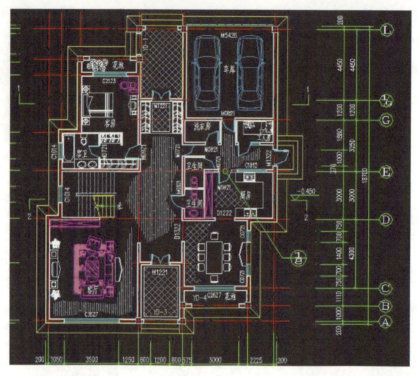

图 1-10-16

图 1-10-17

图 1-10-18

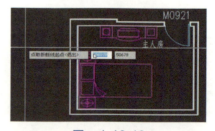

图 1-10-19

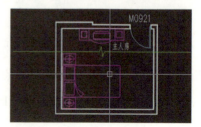

图 1-10-20

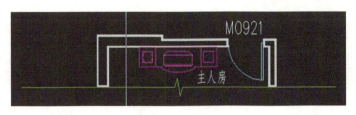

图 1-10-21

（5）索引符号 单击左侧屏幕菜单"文表符号"下拉列表中的"索引符号"，弹出"索引文字"对话框（索引编号是对应详图所在的编号，图号是详图所在的图纸位置编号，这里设置编号为1，图号为8)→给出索引节点的位置和范围→给出转折点的位置→给出文字索引号的位置即可完成绘制，如图 1-10-22～图 1-10-28 所示。

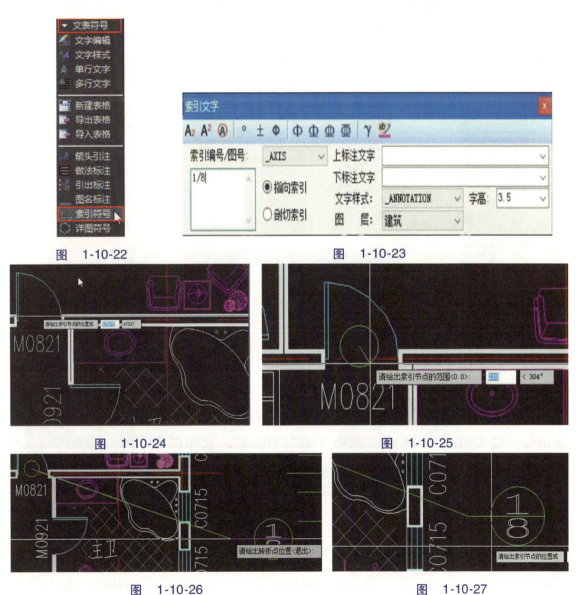

图 1-10-22   图 1-10-23

图 1-10-24   图 1-10-25

图 1-10-26   图 1-10-27

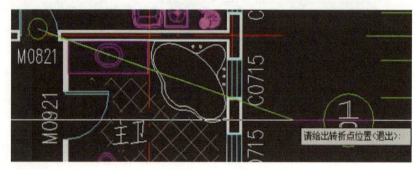

图　1-10-28

（6）详图符号　单击左侧屏幕菜单"文表符号"下拉列表中的"详图符号"，弹出"详图符号"对话框（索引编号和索引图号要与前边索引符号设置对应）→设置比例为 1∶50 ［左下角比例要与设置比例相对应，单击左下角比例，单击"1∶50（mm）"］，单击绘图区的空白处即可完成绘制，如图 1-10-29～图 1-10-32 所示。

图　1-10-29

图　1-10-30

图　1-10-31

（7）箭头引注　单击左侧屏幕菜单"文表符号"下拉列表中的"箭头引注"，弹出"箭头文字"对话框，这里随意输入一些文字、符号作为示例，根据自己需要做出调整，单击箭头的起点位置→箭头落点→文字落点即可完成箭头引注，如图 1-10-33～图 1-10-35 所示。

图　1-10-32

（8）做法标注　单击左侧屏幕菜单"文表符号"下拉列表中的"做法标注"，弹出"做法标注"对话框，可以自己输入文字，也可以单击"做法库"弹出"做法库选择"对话框→建筑施工做法→地面做法→细石混凝土地面→混凝土地面→确定,单击标注的起点→标注的落点→文字的落点→空格确定即可完成做法标注,如图1-10-36~图1-10-39所示。

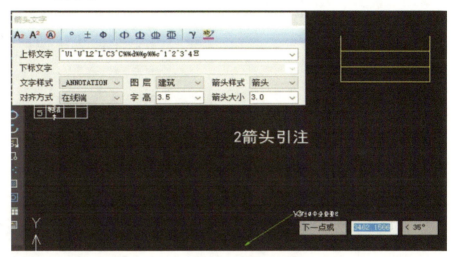

图 1-10-33　　　　　　　　　　　　　图 1-10-34

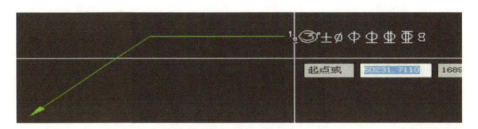

图 1-10-35

（9）表格的新建与编辑　单击左侧屏幕菜单"文表符号"下拉列表中的"新建表格",弹出"新建表格"对话框,单击"选表头"弹出"选择表头文件"对话框（软件自带）,选择"各专业图纸张数01.dwg"→打开→行数设置为"5"→确定,在绘图区单击空白区域即可完成新建表格,如图1-10-40~图1-10-44所示。

对表格进行文字输入,单击表格,单击需要输入文字的位置（出现一个紫红色的光标）即可输入文字,如图1-10-45所示。

图 1-10-36

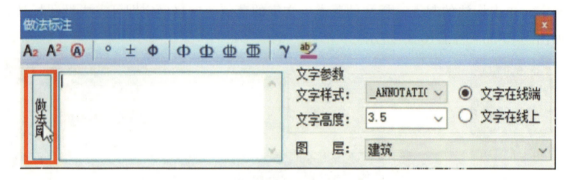

图　1-10-37

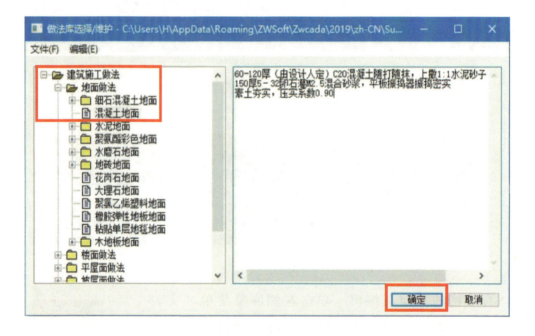

图　1-10-38

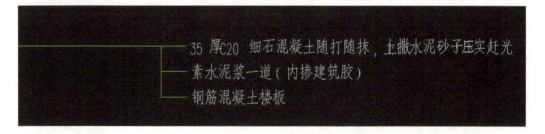

图　1-10-39

图 1-10-40

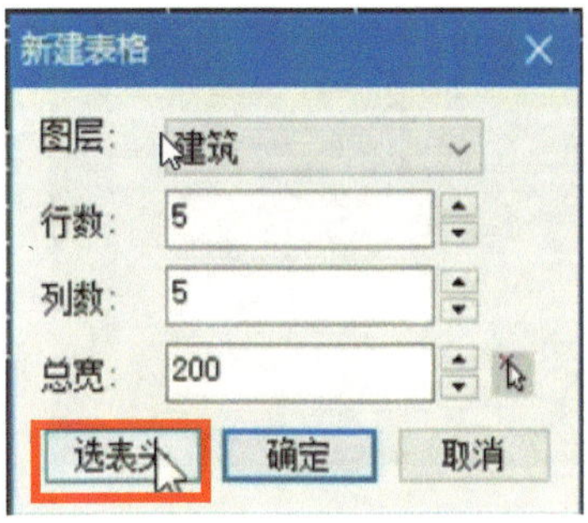

图 1-10-41

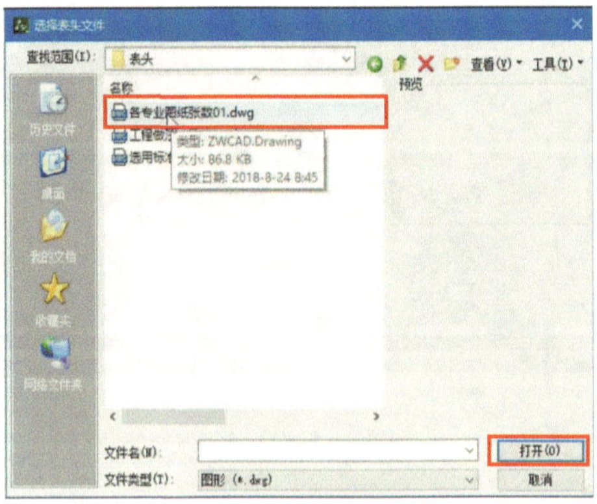

图 1-10-42

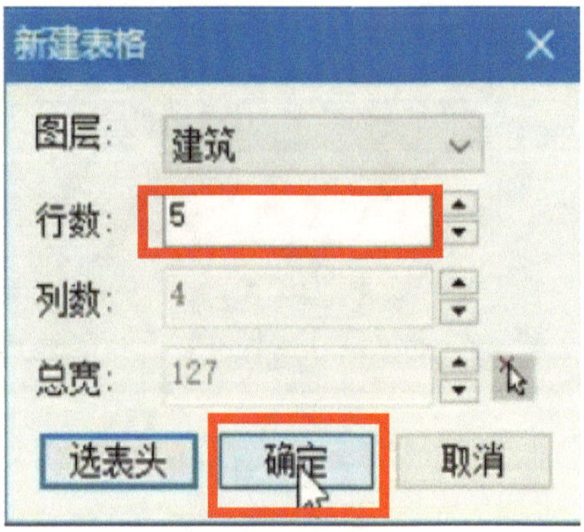

图 1-10-43

图 1-10-44

表格与 Excel 表格类似，可以进行序号自动排列，选中表格→选择"1"，当出现紫红色光标时按住键盘键<Shift>单击一下出现的一个黄色的小圆圈→拖动圆圈即可完成自动排列，如图 1-10-46～图 1-10-49 所示。

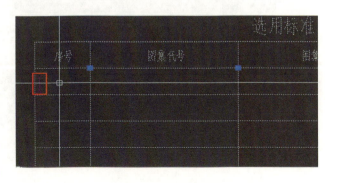

图 1-10-45

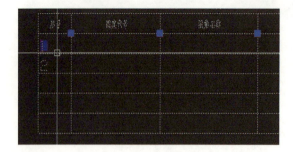
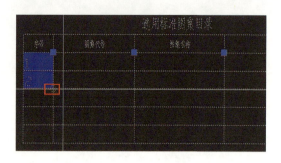

图　1-10-46　　　　　　　　　　　　　图　1-10-47

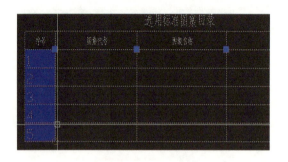
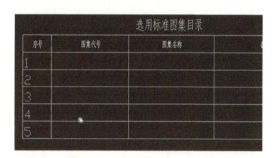

图　1-10-48　　　　　　　　　　　　　图　1-10-49

　　还可以对表格进行编辑，选中表格，右击弹出快捷菜单，单击"表行编辑"，下方命令栏中出现编辑属性内容，单击"末尾加行"（快捷键 T）→输入要添加的空行数目，例如 5→空格确定即可完成自动添加，如图 1-10-50～图 1-10-52 所示。

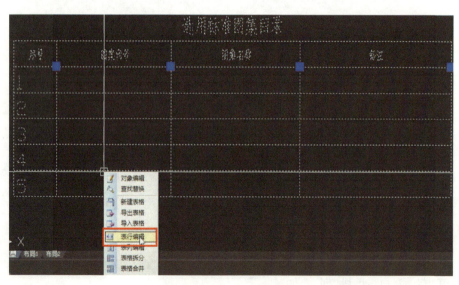

图　1-10-50

图 1-10-51

表列编辑与表行编辑类似。

表格拆分，选中表格→右击弹出快捷菜单，选择"表格拆分"，弹出"拆分表格"对话框，设置拆分行数为3→拆分，表格就自动完成拆分，如图1-10-53~图1-10-55所示。

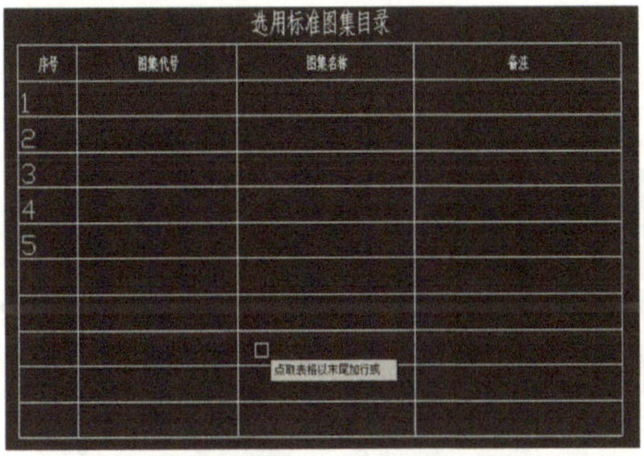

图 1-10-52

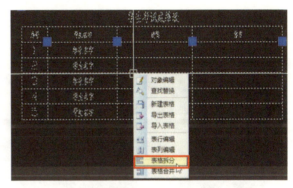

图 1-10-53

表格合并，选中表格，右击弹出快捷菜单，选择"表格合并"→选择第一个表格→选择下一个表格，自动完成合并，如图1-10-56和图1-10-57所示。

当表格合并完成后，可能出现字不居中的情况，如图1-10-57所示，这时需要对表格进行编辑。选中表格，右击弹出快捷菜单，选择"对象编辑"，弹出"表格设定"对话框，单击"内容"→勾选"统一全部单元格文字属性"→确定，整个表格的属性将会自动统一，如图1-10-58~图1-10-60所示。

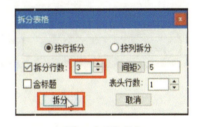

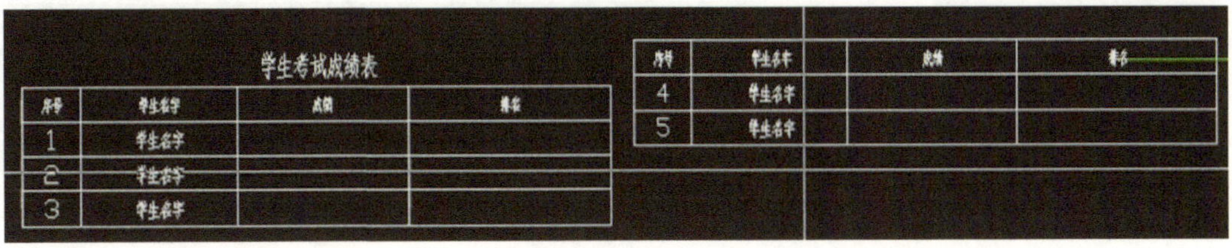

图 1-10-54

图 1-10-55

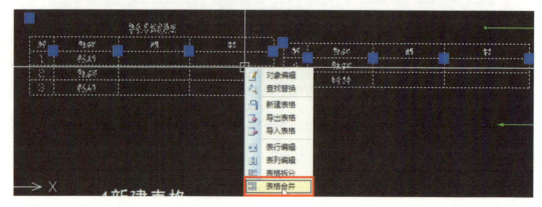

图　1-10-56

学生考试成绩表			
序号	学生名字	成绩	排名
1	学生名字		
2	学生名字		
3	学生名字		
4	学生名字		
5	学生名字	选择下一表格<退出>: 21091.0340 11368.5658	

图　1-10-57

学生考试成绩表

对象编辑
查找替换
新建表格
导出表格
导入表格
表行编辑
表列编辑
表格拆分
表格合并

图　1-10-58

图 1-10-59

图 1-10-60

当需要对单元格进行编辑时，单击数字"1"的单元格，当出现紫红色光标时，按住键盘键<Shift>，单击数字"5"的单元格，这时从 1 到 5 五个单元格被选中→右击，快捷菜单出现对单元格的各种编辑，例如单元合并，单击"单元合并"，此时五个单元格自动合并为一个单元格，如图 1-10-61~图 1-10-63 所示。

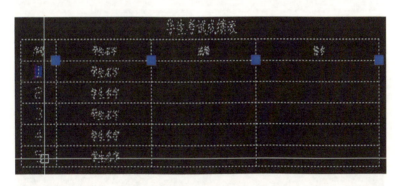

图 1-10-61

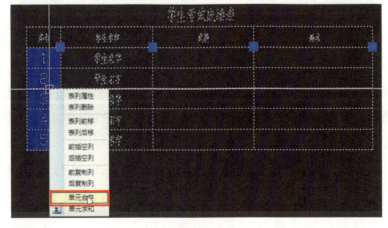

图 1-10-62

对表格进行导出，单击左侧屏幕菜单"文表符号"下拉列表中的"导出表格"，在下方命令栏出现导出 Word 或者导出 Excel 两种格式，单击"导出 Excel"，单击需要导出的表格即可完成自动导出表格，如图 1-10-64 ～ 图 1-10-67 所示。

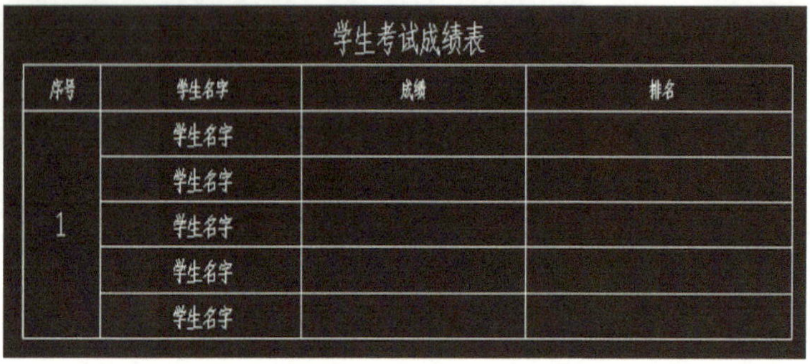

图　1-10-63

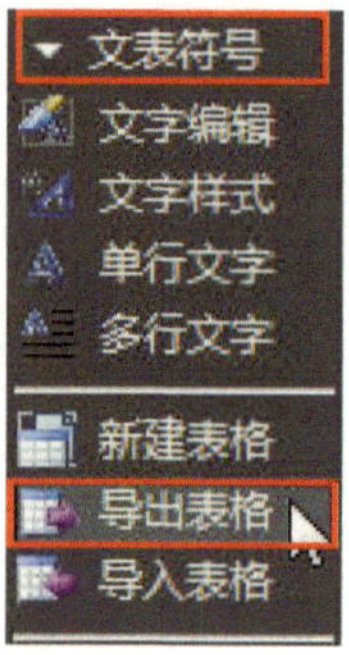

图　1-10-64

图　1-10-65

图　1-10-66

导入表格，框选住 Excel 表格中需要导入的部分，按住键盘 <Ctrl+C> 复制，单击"导入表格"，单击下方命令栏中的"从 Excel 新建"，单击绘图区中的空白处即可完成导入表格，如图 1-10-68 ～ 图 1-10-71 所示。

（10）单行文字　单击左侧屏幕菜单"文表符号"下拉列表中的"单行文字"，弹出"单行文字"对话框→例如输入"123"，转角角度设置为"90"→单击绘图区的空白处即可完成单行文字，如图 1-10-72 ～ 图 1-10-74 所示。

图 1-10-67

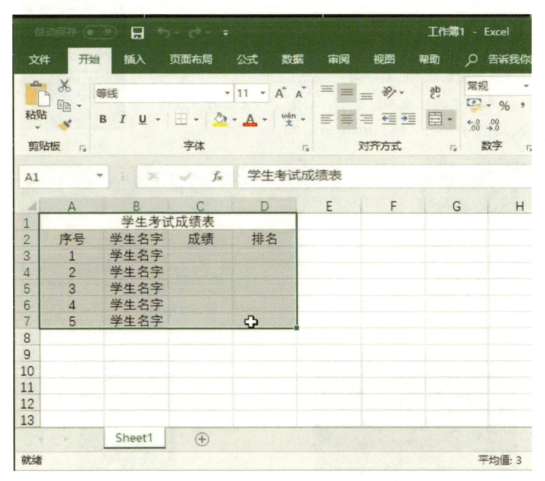

图 1-10-68

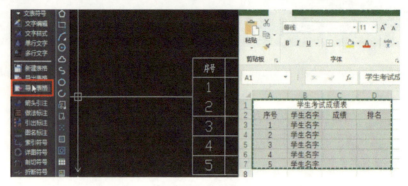

图　1-10-69

图　1-10-70

（11）多行文字　单击左侧屏幕菜单"文表符号"下拉列表中的"多行文字"→在绘图区单击文字起点，单击文字落点，弹出"多行文字"对话框，输入自己需要的文字，这里随意输入一些字母→勾选"自动编号"，单击"确定"即可自动生成多行文字，双击多行文字可以进行修改，如图 1-10-75～图 1-10-78 所示。

图　1-10-71

图　1-10-72

图　1-10-73

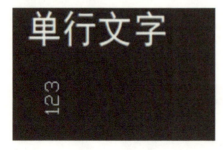

图　1-10-74

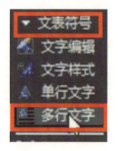

图　1-10-75

图 1-10-76

图 1-10-77

图 1-10-78

任务内容	满分	得分
本项任务在1课时内完成	10	
掌握符号的插入方法	30	
掌握表格的插入与编辑	25	
掌握引注的插入方法	25	
能绘制单行文字及多行文字	10	

练习题

一、绘图题

分别绘制表格和索引符号，如图 1-10-79 和图 1-10-80 所示。

选用标准图集目录

序号	图集代号	图集名称	备注

图 1-10-79

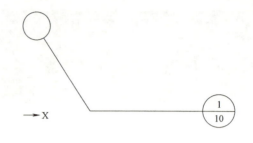

图　1-10-80

二、选择题

1. 与索引符号相对应的符号是（　　　）。

A. 详图符号　　　　B. 剖切符号　　　　C. 折断符号　　　　D. 图名标注

2. 图名标注时，国标的样式有（　　　）下划线。

A. 1道　　　　　　B. 2道　　　　　　C. 3道　　　　　　D. 4道

3. 表格的编辑不包括（　　　）。

A. 表行编辑　　　　B. 表列编辑　　　　C. 表行拆分　　　　D. 表行细分

4. 指北针箭头所指的方向代表（　　　）。

A. 东　　　　　　　B. 北　　　　　　　C. 南　　　　　　　D. 西

5. 符号不包括（　　　）。

A. 索引符号　　　　B. 剖切符号　　　　C. 数字符号　　　　D. 折断符号

技能11 设计屋顶

设计屋顶

技能目标

了解：屋顶的种类及做法。

掌握：搜屋顶线、人字坡顶、多坡屋顶、歇山屋顶、攒尖屋顶，插天窗和插老虎窗。

任务链接

屋顶由屋面和支承结构等组成，有些屋顶还有保温或隔热层。屋面是屋顶的上覆盖层，包括面层和基层。面层的主要作用是防水和排水；基层具有承托面层、起坡、传递荷载等作用。屋顶的支承结构可采用屋架、刚架、梁板等平面结构系统。

　　屋顶在构造设计时要注意解决防水、保温、隔热以及隔声、防火等问题。一般分为平屋顶、坡屋顶、曲面屋顶等其他形式的屋顶。屋顶设计满足功能、结构、建筑艺术三方面要求。

任务实施

　　（1）搜屋顶线

　　1）在二层的平面绘制完成的情况下，绘制屋顶，在左侧工具栏中单击"屋顶"→"搜屋顶线"，框选整个二层平面，单击"确认"按钮，在下方命令栏中根据需要输入"偏移建筑轮廓的距离"（本例偏移建筑轮廓的距离为"800"），如图1-11-1和图1-11-2所示。

图　1-11-1

图　1-11-2

　　2）然后选择标注、屋顶线和轴线，单击右上角的"图层隔离"，将选择的复制出来，把一些不需要的标注删除，在复制出来的基础上，在左侧工具栏中单击"屋顶"→"多坡屋顶"，如图1-11-3和图1-11-4所示。

　　3）选择屋顶线，在下边的命令栏中根据需要设置"坡度角"（本例坡度角为"30"），生成多坡屋顶，如图1-11-5和图1-11-6所示。

　　4）单击窗口往右拉，生成两个窗口，单击左边的窗口，单击上方命令栏中的"视图"→"三维视图"→"东南等轴测"→"视图"→"三维视图"→"着色"→"体着色"→单击右边窗口中的屋顶，弹出"坡屋顶"对话框，根据需要设置限定高度（本例限定高度"1500"）→单击"确定"，完成屋顶平面图，如图1-11-7～图1-11-9所示。

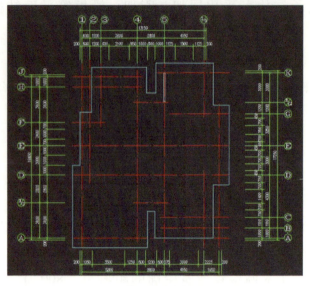

图　1-11-3

图　1-11-4

图　1-11-5

图　1-11-6

图　1-11-7

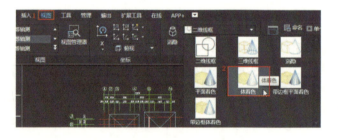

图　1-11-8

（2）人字坡顶

1）在二层的平面绘制完成的情况下，绘制屋顶，在左侧工具栏中单击"屋顶"→"搜屋顶线"，框选整个二层平面，单击"确定"，在下边命令栏中根据需要输入"偏移建筑轮廓的距离"（本例偏移建筑轮廓的距离为"800"），如图 1-11-10 和图 1-11-11 所示。

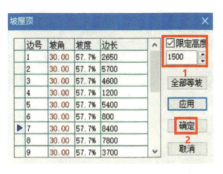

图 1-11-9

图 1-11-10

图 1-11-11

2）在左侧工具栏中单击"屋顶"→"人字坡顶"，弹出"人字坡顶"对话框，单击屋顶轮廓，根据需要设置角度的左坡高、右坡高、顶标高和是否删除辅助线，坡度的左坡高、右坡高、顶标高和是否删除辅助线（本例角度的左坡度为"30"、右坡度为"30"、顶标高为"0"，勾线"删除辅助线"，坡度的左坡高为"0.5773"、右坡高为"0.5773"、顶标高为"0"，勾选"删除辅助线"），如图 1-11-12 和图 1-11-13 所示。

图 1-11-12

3）根据下方命令栏的提示，选取"参考点"，单击屋顶线两边的中点，在左边三维视图中的窗口可以看到生成的人字坡顶，如图 1-11-14～图 1-11-16 所示。

图 1-11-13

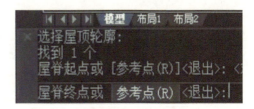

图 1-11-14

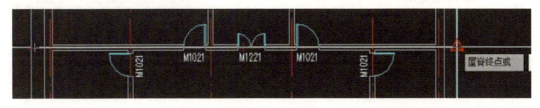

图 1-11-15

4）如果带有凸窗，根据需要设置两个矩形，放置在凸窗的位置，在左侧工具栏中单击"工具一"→选择"布尔编辑"，弹出"选择运算类型"对话框，选择"并集",如图 1-11-17~图 1-11-19 所示。

5）先选择屋顶轮廓线，再选择绘制的矩形，单击屋顶轮廓，根据需要设置角度的左坡高、右坡高、顶标高（本例角度的左坡高为"30"，右坡高为"30"，顶标高为"0"），单击屋顶线两边的中点，在左边三维视图中的窗口可以看到生成的带有凸窗的人字坡顶，如图 1-11-20 和图 1-11-21 所示。

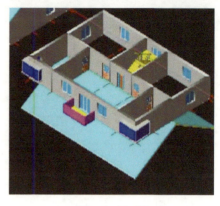

图　1-11-16

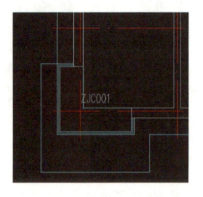  

图　1-11-17　　　　图　1-11-18　　　　图　1-11-19

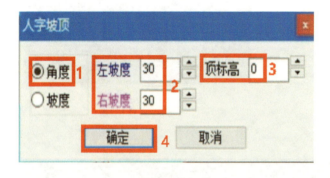 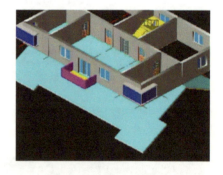

图　1-11-20　　　　　　　　　图　1-11-21

6）在三维视图中双击屋顶，弹出"人字坡顶"对话框，根据需要设置"顶标高"（本例顶标高为"7500"），单击"确定"，在左侧工具栏中单击"墙梁板"→"墙齐屋顶"，在平面图中先选择屋顶，然后框选整个平面，完成人字坡顶，如图 1-11-22~图 1-11-24 所示。

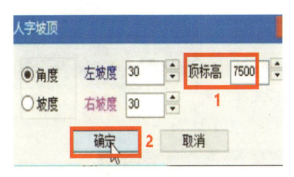

图 1-11-22 　　　　　　　　　　　　　　　　　　　图 1-11-23

（3）多坡屋顶

1）在二层平面绘制完成的情况下，绘制
屋顶，在左侧工具栏中单击"屋顶"→"搜屋顶
线"，框选整个二层平面，单击确认，生成屋
顶轮廓，如图 1-11-25 和图 1-11-26 所示。

2）在下边命令栏中根据需要输入"偏移
建筑轮廓的距离"（本例偏移建筑轮廓的距离

图 1-11-24

为"800"），在左侧工具栏中单击"屋顶"→"多坡屋顶"，选择屋顶轮廓，在下
方命令栏中根据需要设置"坡度角"（本例坡度角为"30"），单击生成多坡屋顶，
如图 1-11-27～图 1-11-29 所示。

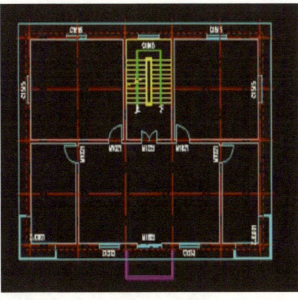

图 1-11-25 　　　　　　　图 1-11-26 　　　　　　　图 1-11-27

（4）歇山屋顶　歇山屋顶是独立的，不需要屋顶轮廓，可直接绘制。在左侧工具栏中单击"屋顶"→"歇山屋顶"，选择左下坡角点，再选右下坡角点，最后选择侧坡角点，完成歇山屋顶，如图 1-11-30～图 1-11-34 所示。

图　1-11-28

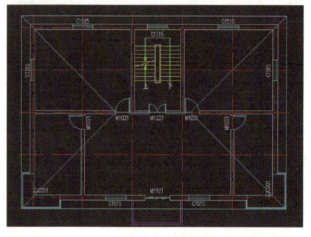

图　1-11-29

（5）攒尖屋顶　攒尖屋顶也是独立的，不需要屋顶轮廓，可直接绘制。在左侧工具栏中单击"屋顶"→"攒尖屋顶"，弹出"攒尖屋顶"对话框，根据需要设置半径、檐标高、坡度、边数、高度和角度（本例半径为"6000"、檐标高为"0"、坡度为"30"、边数为"6"、高度为"3464.1"、勾选"角度"），单击屋顶的中心位置，完成攒尖屋顶，如图 1-11-35～图 1-11-37 所示。

图　1-11-30

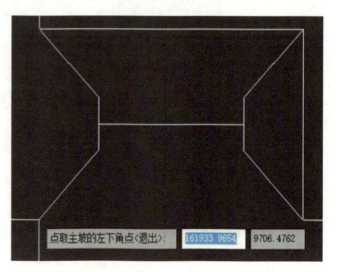

图　1-11-31

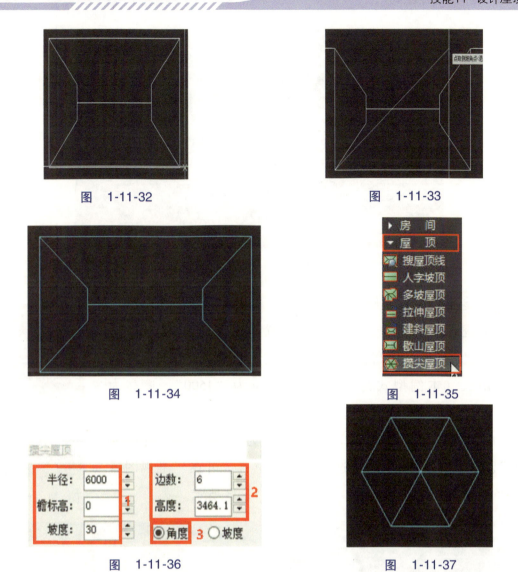

图 1-11-32

图 1-11-33

图 1-11-34

图 1-11-35

图 1-11-36

图 1-11-37

（6）天窗 在左侧工具栏中单击"屋顶"→"插天窗"，弹出"天窗"对话框，根据需要设置编号、窗宽、窗高（本例窗宽为"1500"、窗高为"2400"），点取布置位置，如图 1-11-38~图 1-11-40 所示。

图 1-11-38

图 1-11-39

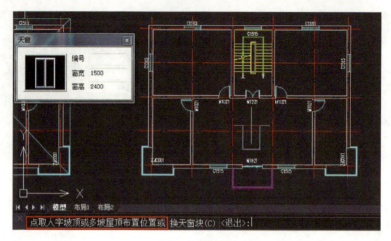

图　1-11-40

（7）老虎窗　在左侧工具栏中单击"屋顶"→"加老虎窗"，弹出"老虎窗"对话框，根据需要设置老虎窗的型式、编号、窗高、窗宽、墙宽、墙高、坡高、坡角度、墙厚、檐板高、出檐长、出山长（本例型式为"双坡"、窗宽为"1500"、窗高为"1500"、墙宽为"2000"、墙高为"1800"、坡高为"450"、坡角度为"45"、墙厚为"200"、檐板厚为"200"、出檐长为"200"、出山长为"200"），选取插入的位置，可在三维视图看到已经生成的老虎窗，如图 1-11-41～图 1-11-43 所示。

图　1-11-41

图　1-11-42

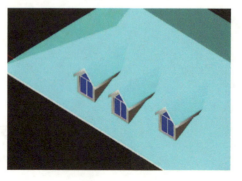

图　1-11-43

任务评价

任务内容	满分	得分
本项任务在1课时内完成	10	
能绘制屋顶轮廓	30	
绘制老虎窗正确	25	
绘制攒尖屋顶正确	25	
会根据需求进行选择绘制屋顶	10	

练习题

一、绘图题

1. 绘制半径为"8000"、檐标高为"0"、坡度为"30"、边数为"8"、高度为"3436.1"的攒尖屋顶，如图1-11-44所示。

2. 绘制型式为"双坡"、窗宽为"1000"、窗高为"1000"、墙宽为"2000"、墙高为"1800"、坡高为"45"、坡角度为"45"、墙厚为"20"、檐板高为"20"、出檐长为"20"、出山长为"20"的老虎窗，如图1-11-45所示。

图 1-11-44

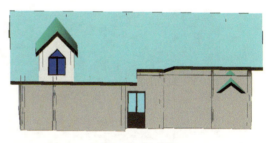

图 1-11-45

二、选择题

以下选项中（　　）可以在没有屋顶轮廓的情况下绘制。

A. 攒尖坡顶　　　　B. 人字坡顶　　　　C. 多坡屋顶　　　　D. 歇山屋顶

技能 12 楼层框、三维组合

楼层框、三
维组合

技能目标

了解：建楼层框，创建图纸目录和三维组合的运用。

掌握：如何建楼层框，如何创建图纸目录，如何运用三维组合。

任务链接

楼层框可以定义每一个平面图的楼层属性，建立平面之间的联系和对应的关系，为三维组合起到铺垫的作用。

本任务主要解决如何建楼层框，如何创建图纸目录，如何运用三维组合。

任务实施

（1）建楼层框　打开中望 CAD 教育版 2019 软件，在左侧工具栏中单击"文件布图"→"建楼层框"，选择角点（注意：楼层框要将整个平面图框住），选择对齐点（对齐点是一个基准，要和标准层和屋顶层对应，标准层和屋顶层的对齐点在 A 轴和 6 轴的交点，所以一层的对齐点也要选择 A 轴和 6 轴的交点）→输入层号"1"→输入层高"3300"，楼层框就建立完成了，如图 1-12-1~图 1-12-5 所示。

图　1-12-1

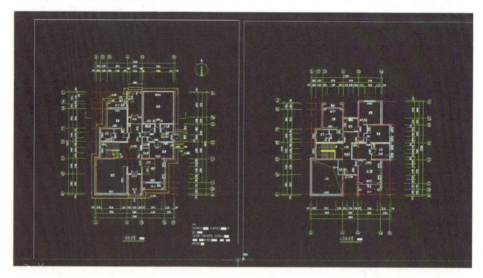

图　1-12-2

（2）三维组合　在左侧工具栏中单击"三维组合"，弹出"楼层组合"对话框，勾选"排除内墙"和"消除层间线"→确定，在绘图区任意单击一个位置生成，切换到东南等轴测的视角，单击上方命令栏中的"视图"→"着色"→"平面着色"，单击上方命令栏中的"消隐"就可以看到三位组合的效果了，如图 1-12-6~图 1-12-13 所示。

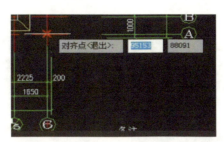

图 1-12-3

图 1-12-4

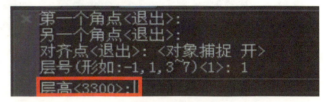

图 1-12-5

图 1-12-6

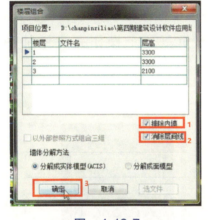

图 1-12-7

图 1-12-8

图 1-12-9

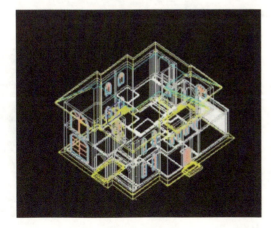

图 1-12-10

图 1-12-11

图　1-12-12　　　　　　　　　　　　　　图　1-12-13

（3）添加图框　将一层的平面复制粘贴到一个新的图纸当中，为这个平面添加楼层的图框，在左侧工具栏中单击"文件布图"→"插入图框"→图幅选择"A2"，插入，插入的位置要将整个平面图框在其中，修改图框的图号为JS-001→确定→保存，标准层和屋顶层要重复这个操作完成添加图框，如图1-12-14～图1-12-18所示。

图　1-12-14

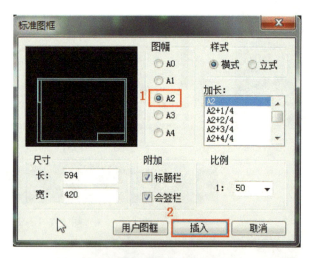

图　1-12-15

（4）创建目录　在左侧工具栏中单击"文件布图"→"图纸目录"，弹出"文件列表"对话框（注意：系统会自动检测到创建的图框信息，如果有未检测到的图框信息，单击下方"添加文件"，选择未检测到的图框信息，单击"打开"即可），单击"下一步"，将图幅修改为A2→单击"选表

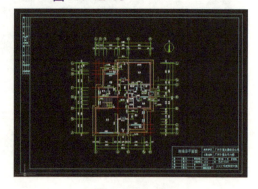

图　1-12-16

模板"，选择好模板后单击"打开"，插入到合适位置即可完成创建，输入命令"ST"弹出"文字样式管理器"对话框，将字体修改为"仿宋"→确定，完成创建目录，如图 1-12-19～图 1-12-26 所示。

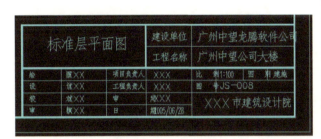

图　1-12-17

图　1-12-18

图　1-12-19

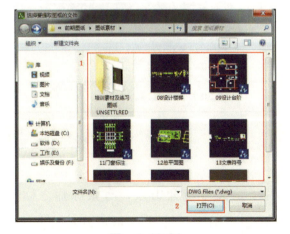

图　1-12-20

图　1-12-21

图　1-12-22

图 1-12-23

图 1-12-24

图 1-12-25

图 1-12-26

任务评价

任务内容	满分	得分
本项任务在 1 课时内完成	10	
能根据需求进行着色操作各步骤的选择	60	
熟悉楼层框运用	30	

大国工匠

张志纯（1220~1316），字布山，号天倪子，又号布金山人，有张炼师之称。泰安州埠上保（今肥城市张家安村）人，元代著名道人。张志纯最成功的建筑杰作之一是泰山南天门。他在二三十年间，新建和重新建设了泰山上下数十座建筑群，如朝元观、玉女祠、高里山神祠、会真宫等。他的建筑特色是建筑与环境、雕塑与建筑的协调统一。他的生平和建筑实践简略记载于元代文学家杜仁杰和徐志隆的文章中。

练习题

选择题

1. 要看三位组合的效果时，要选择着色中的（　　）。

A. 平面着色　　　B. 体着色　　　　C. 带边框平面着色　　　D. 带边框体着色

2. 选择完着色后，再选择（　　）命令呈现更好的三维效果。

A. 三维线框　　　B. 二维线框　　　C. 消隐　　　　　　　D. 缩放

3. 建楼层框时，对齐点和角点很重要，对齐点是（　　）。

A. 基点　　　　　B. 基准　　　　　C. 标点　　　　　　　D. 标准

技能 13　生成立剖面

生成立剖面

技能目标

了解：局部立面、建筑立面、建筑剖面。

掌握：各种立剖面的生成方法。

任务链接

立剖面是由多个立面和剖面组成的，它可以给人直接的二维观感。

立面作用于建筑的外观形态，剖面体现建筑内部的空间形态以及外部的形体特征。

任务实施

（1）局部立面　单击左侧屏幕菜单"立剖面"下拉列表中的"局部立面"，在下方命令栏中可以选择四个方向的立面或者顶视图，例如选择"右立面"，框选需要生成立面的建筑构件，在绘图区空白处单击即可完成，生成局部立面，如图 1-13-1 ~ 图 1-13-4 所示。

图　1-13-1

请选择要生成立面的建筑构件:*取消*
命令:
自动保存到 C:\Users\Administrator\AppData\Local\Temp\案例之第二部分_zws79456.zs$
命令: S71_JBLM
请输入立面方向或 正立面(F) 背立面(B) 左立面(L) 右立面(R) 顶视图(T) <退出>:

图　1-13-2

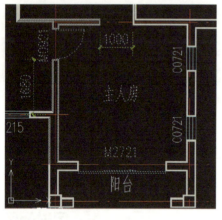

图　1-13-3

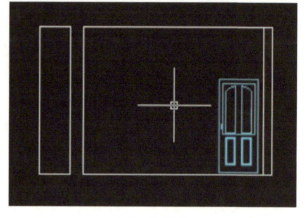

图　1-13-4

局部立面生成之后即可在立面上进行绘图。

（2）建筑立面　单击左侧屏幕菜单"立剖面"下拉列表中的"建筑立面"→在下方命令栏中可以选择四个方向的立面，例如选择"正立面"，选择要出现在立面图上的轴线→空格确认，弹出"生成立面"对话框，勾选"左侧标注"和"右侧标注"单击"确定"→在绘图区空白处单击即可完成，生成建筑立面，如图 1-13-5~图 1-13-9 所示。

图　1-13-5

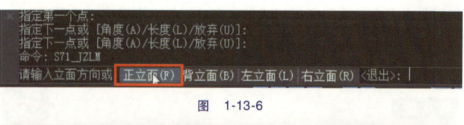

图　1-13-6

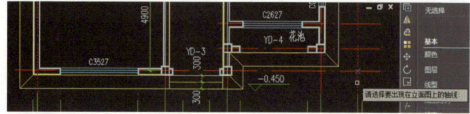

图　1-13-7

生成完毕后可以对其中的对象进行修改，例如对图 1-13-9 中二层第三个窗户进行修改，选中窗户，右击选择"图块替换"，弹出"图库管理窗口→专用图库→立面门窗→立面窗→造型窗，单击门窗，在下方命令栏中单击"等尺寸"即可完成自动替换，如图 1-13-10~图 1-13-14 所示。

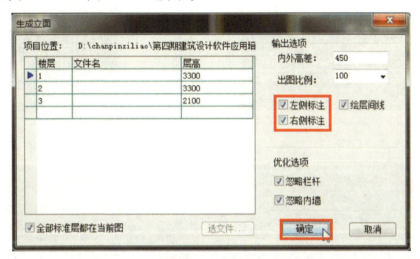

图　1-13-8

图　1-13-9

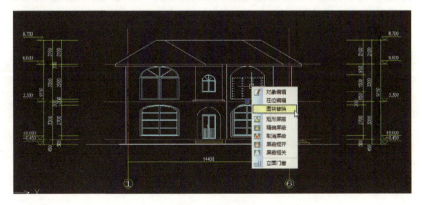

图　1-13-10

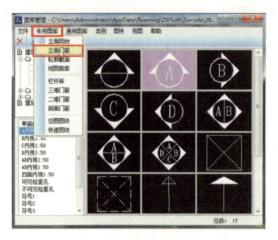

图　1-13-11　　　　　　　　　　图　1-13-12

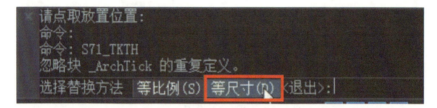

图　1-13-13

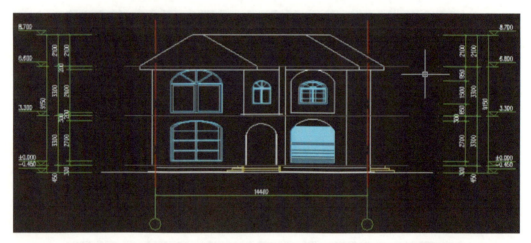

图　1-13-14

（3）建筑剖面　单击左侧屏幕菜单"立剖面"下拉列表中的"建筑剖面"，选择一剖切线，选择出现在剖面图上的轴线→空格确定，弹出"生成剖面"对话框，单击"确定"即可完成，生成建筑剖面，如图 1-13-15~图 1-13-19 所示。

图　1-13-15

图　1-13-16

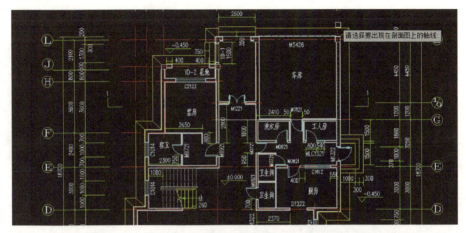

图　1-13-17

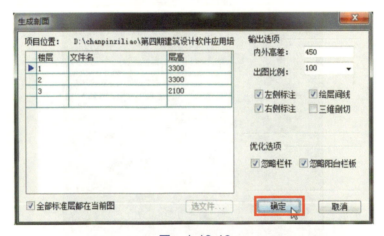

图　1-13-18

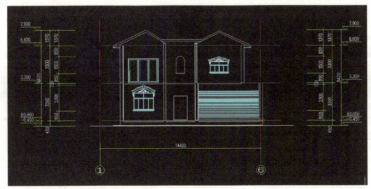

图　1-13-19

当勾选"生成剖面"对话框中的"三维剖切"时，生成的内容可以在其他视角看到楼梯等内容，如图 1-13-20～图 1-13-23 所示。

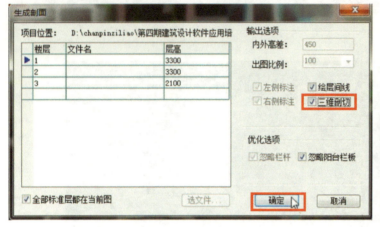

图　1-13-20

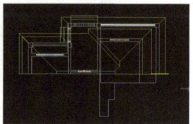

图　1-13-21

图　1-13-22

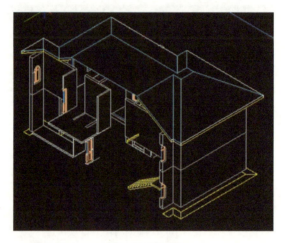

图　1-13-23

任务评价

任务内容	满分	得分
本项任务在 1 课时内完成	10	
掌握局部立面生成	30	
掌握建筑立面生成	25	
掌握建筑剖面生成	25	
能绘制各种立剖面	10	

一、绘图题

绘制阳台的左立面图，如图 1-13-24 所示。

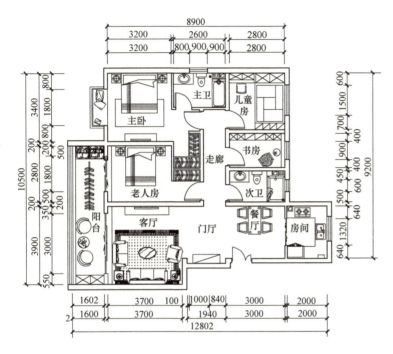

图 1-13-24

二、选择题

1. 立剖面命令中不包括 (   )。

A. 建筑立面　　　　B. 建筑剖面　　　　C. 局部立面　　　　D. 建筑平面

2. 建筑立面不包括 (   )。

A. 顶视图　　　　　　　　　　B. 正立面

C. 背立面　　　　　　　　　　D. 左立面

技能 14 创建房间

创建房间

了解：房间的做法及功能。

掌握：搜索房间、房间面积、搜索户型、面积统计、户型统计、房间统计、其他用法等操作方法。

任务链接

房间标注对各个独立空间的使用、相应位置和大小进行描述，可以直观地看清房屋的走向、布局。

绘制房间是为了直观地看到各个房间的面积、房间的位置和户型。

按照绘图习惯在绘制房间之前，要先建立墙体。

任务实施

（1）搜索房间　在左侧工具栏中单击"房间"→"搜索房间"，弹出"房间生成选项"对话框，根据需要设置房间的房间显示和生成选项（本例房间显示勾选"显示房间名称""三维地面""面积""单位"、板厚为"120"，生成选项，起始编号为"1"、勾选"自动区分内外墙""忽略柱子"和"柱子内部必须用墙来划分房间边界"），框选墙体，单击确认完成房间名称、面积和单位的绘制，如图 1-14-1～图 1-14-3 所示。

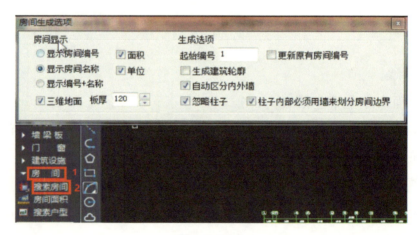

图　1-14-1

（2）房间面积　在左侧工具栏中单击"房间"→"房间面积"，弹出"房间面积"对话框，根据需要设置是否生成房间对象、显示、封地面、板厚、名称和是否启用填充（本例勾选"生成房间对象""显示编号+名称""封地面"，板厚为"120"，名称为"主卧室"，勾选"启用填充"，比例为"1"、颜色为"黑色"），单击选择房间，生成房间的名称和填充，如图 1-14-4～图 1-14-6 所示。

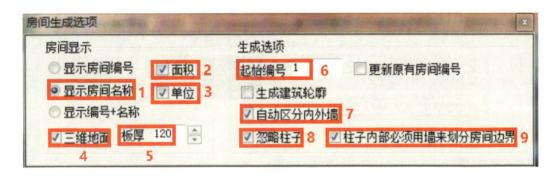

图 1-14-2

（3）搜索户型 在左侧工具栏中单击"房间"→"搜索户型"，弹出"套内面积"对话框，根据需要设置是否生成套房对象、自动识别户墙、套内的名称、面积、单位和是否启用填充（本例勾选"生成套房对象""自动识别户墙"，名称为"1-B"，勾选"启用填充"，填充样式为"普通砖"、比例为"1"、转角为"0"、颜色为"洋红"），框选墙体，单击确认，完成绘制，如图1-14-7~图1-14-9所示。

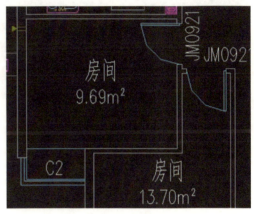

图 1-14-3

图 1-14-4

（4）面积统计 在楼层框已经绘制完成的基础上，在左侧工具栏中单击"房间"→"面积统计"，选择插入的位置，生成面积统计表格。如图 1-14-10 和图 1-14-11 所示。

图　1-14-5

图　1-14-6

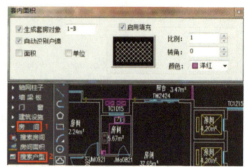

图　1-14-7

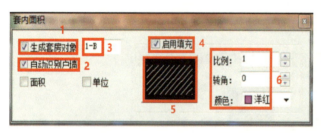

图　1-14-8

图　1-14-9

图　1-14-10

建筑面积总表(m²)

楼层	加全面积	加半面积	减半面积	减全面积	单层面积	楼层数	总建筑面积
1	508.32	41.35	0.00	0.00	529.00	1	529.00
2	492.00	38.81	0.00	0.00	511.41	1	511.41
3,4	492.00	38.81	0.00	0.00	511.41	2	1022.81
5	487.68	52.34	0.00	0.00	513.85	1	513.85
6	373.59	0.00	0.00	0.00	373.59	1	373.59
合计	2845.60	210.12	0.00	0.00	—	6	2950.66

图　1-14-11

（5）户型统计　在左侧工具栏中单击“房间”→“户型统计”，选择插入的位置，生成户型统计表格，如图 1-14-12 和图 1-14-13 所示。

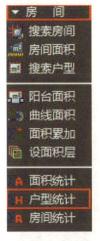

图　1-14-12

户型统计表(m²)

编号	套型	面积分类(m²)						套数					
		房间使用面积	套内墙体面积	套内阳台面积	套内建筑面积	分摊面积	建筑面积	1层	2层	3,4层	5层	6层	合计
1-A	3室2厅2卫	99.07	13.7	0	112.77	16.57	129.34	1					1
1-B	3室2厅2卫	95.24	14.25	0	109.49	16.09	125.58	1					1
1-D	3室2厅2卫	95.24	14.25	0	109.49	16.09	125.58	1					1
1-D	3室2厅2卫	99.07	13.7	0	112.77	16.57	129.34	1					1
2-A	3室2厅2卫	99.07	13.7	0	112.77	16.57	129.34		1				1
2-B	3室2厅2卫	95.24	14.25	0	109.49	16.09	125.58		1				1
2-C	3室2厅2卫	95.24	14.25	0	109.49	16.09	125.58		1				1
2-D	3室2厅2卫	99.07	13.7	0	112.77	16.57	129.34		1				1
3-A	3室2厅2卫	99.07	13.7	0	112.77	16.57	129.34			1X2			2
3-B	3室2厅2卫	95.24	14.25	0	109.49	16.09	125.58			1X2			2
3-C	3室2厅2卫	95.24	14.25	0	109.49	16.09	125.58			1X2			2
3-D	3室2厅2卫	99.07	13.7	0	112.77	16.57	129.34			1X2			2
4-A	3室2厅1卫	99.32	12.37	0	111.69	16.41	128.1				1		1
4-A	2室2厅2卫	78.34	10.23	0	88.57	13.02	101.59					1	1
4-B	3室2厅1卫	95.49	12.92	0	108.41	15.93	124.34				1		1
4-B	2室2厅2卫	77.89	10.68	0	88.57	13.02	101.59					1	1
4-C	3室2厅1卫	95.49	12.92	0	108.41	15.93	124.34				1		1
4-C	2室2厅2卫	77.89	10.68	0	88.57	13.02	101.59					1	1
4-D	3室2厅1卫	99.32	12.37	0	111.69	16.41	128.1				1		1
4-D	2室2厅2卫	78.34	10.23	0	88.57	13.02	101.59					1	1

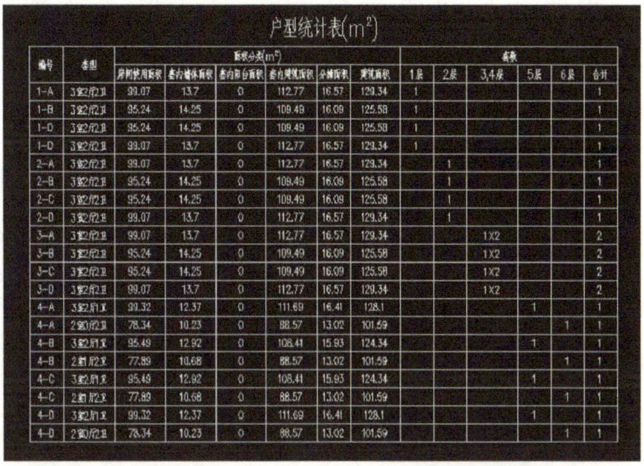

图　1-14-13

（6）房间统计　在左侧工具栏中单击“房间”→“房间统计”，弹出“房间面积统计”对话框，单击“插入”，选取插入位置，生成房间面积统计表格，如图 1-14-14～图 1-14-16 所示。

图　1-14-14

楼层/房间	面积	附属阳台面积	备注
1层	428.99	20.68	
1001(卧室)	13.53	3.37	
1002(卧室)	13.53	0	
1003(卧室)	13.53	3.37	
1004(卧室)	13.53	0	
1005(主卧)	16.87	0	
1006(主卧)	16.87	3.37	
1007(主卧)	16.87	0	
1008(主卧)	16.87	3.37	
1009(客厅)	18.66	0	
1010(客厅)	18.66	0	
1011(客厅)	18.66	0	
1012(客厅)	18.66	0	
1013(水暖井)	1.13	0	
1014(水暖井)	1.13	0	
1015(卫生间)	5.11	0	
1016(卫生间)	5.11	0	
1017(卫生间)	5.11	0	
1018(卫生间)	5.11	0	
1019(房间)	9.21	0	
1020(房间)	8.46	0	
1021(房间)	8.46	0	
1022(房间)	9.21	0	
1023(房间)	1.68	0	
1024(房间)	1.68	0	
1025(房间)	1.68	0	
1026(房间)	1.68	0	
1027(餐厅)	9.33	0	
1028(餐厅)	9.33	0	
1029(餐厅)	9.33	0	
1030(餐厅)	9.33	0	
1031(卧室)	13.74	0	
1032(卧室)	10.65	0	

图　1-14-15

房间面积表(m²)

楼层	楼层数	房间编号	房间名称	使用面积	阳台面积	备注
		1001	卧室	13.53	3.37	
		1002	卧室	13.53	0	
		1003	卧室	13.53	3.37	
		1004	卧室	13.53	0	
		1005	主卧	16.87	0	
		1006	主卧	16.87	3.37	
		1007	主卧	16.87	0	
		1008	主卧	16.87	3.37	
		1009	客厅	18.66	0	
		1010	客厅	18.66	0	
		1011	客厅	18.66	0	

图　1-14-16

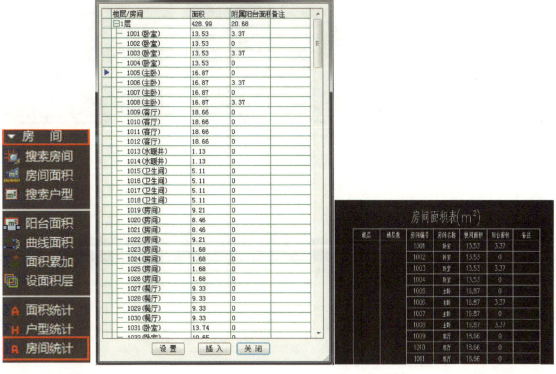

（7）其他用法　在左侧工具栏中单击"房间"→"房间轮廓"，单击需要房间轮廓线的房间，生成红色虚线，单击确认，生成轮廓线，如果需要顶面天花的布置，根据需要设置偏移轮廓线的尺寸（本例偏移"80"），输入偏移命令"OFFSET"，输入偏移距离尺寸，单击偏移对象，选择偏移方向，完成绘制，如图 1-14-17～图 1-14-21 所示。

图 1-14-17

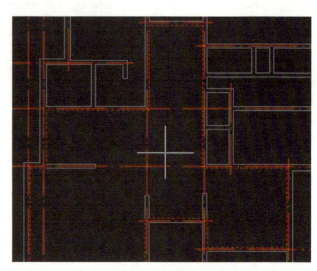

图 1-14-18

图 1-14-19

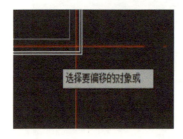

图 1-14-20

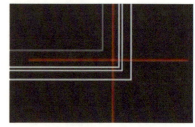

图 1-14-21

任务评价

任务内容	满分	得分
本项任务在 1 课时内完成	10	
搜索房间正确	30	
房间面积绘制正确	25	
搜索户型绘制正确	25	
面积统计表绘制正确	10	

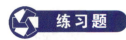

练习题

绘图题

1. 绘制一个勾选“生成房间对象”“显示编号+名称”“封地面”板厚为“100”，名称为“书房”，勾选“启用填充”，填充为“耐火砖”，比例为“1”，颜色为“红色”的房间面积，如图 1-14-22 所示。

2. 绘制一个面积统计表，如图 1-14-23 所示。

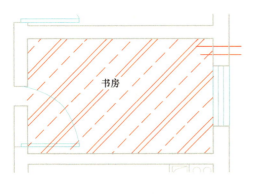

图 1-14-22

建筑面积总表(m^2)

楼层	加全面积	加半面积	减半面积	减全面积	单层面积	楼层数	总建筑面积
1	508.32	41.35	0.00	0.00	529.00	1	529.00
2	492.00	38.81	0.00	0.00	511.41	1	511.41
3,4	492.00	38.81	0.00	0.00	511.41	2	1022.81
5	487.68	52.34	0.00	0.00	513.85	1	513.85
6	373.59	0.00	0.00	0.00	373.59	1	373.59
合计	2845.60	210.12	0.00	0.00	–	6	2950.66

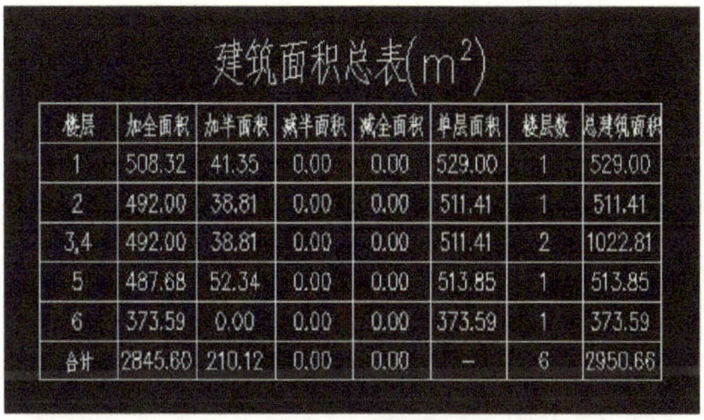

图 1-14-23

3. 绘制一个勾选“生成套房多像”“自动识别户墙”，名称为“1-D”，勾选“启用填充”，填充样式为“多孔材料”，比例为“1”，转角为“0”，颜色为“绿色”的搜索户型，如图 1-14-24 所示。

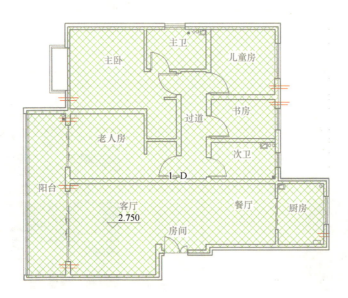

图 1-14-24

家具布置

 技能 15 家具布置

技能目标

了解：图库管理、快速插块、标注和布置。

掌握：图库的管理、图块插入的位置和参数、图块编辑、尺寸标注、图名标注、做法标注、立面布置、逐点标注和洁具布置。

任务链接

通过图库管理器调入所需家具，对平面进行合理的布置，使平面图功能分区表现更加完善。

本节讲解如何使用图库、快速地插入块、精准快速地标注尺寸和图名、插入并均匀地布置洁具。

任务实施

（1）图库管理

1）打开中望 CAD 教育版 2019 软件，在左侧工具栏中单击"图块图案"→"图库管理"，弹出"图库管理"对话框→"通用图库"→"建筑图库"，如图 1-15-1 和图 1-15-2 所示。

图 1-15-1

图 1-15-2

2）在"建筑平面"下选择"环境景观"，选择"车船"，选择指定的图案，设置转角参数，输入"90"插入到指定位置，如图1-15-3和图1-15-4所示。

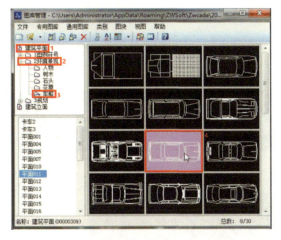

图 1-15-3

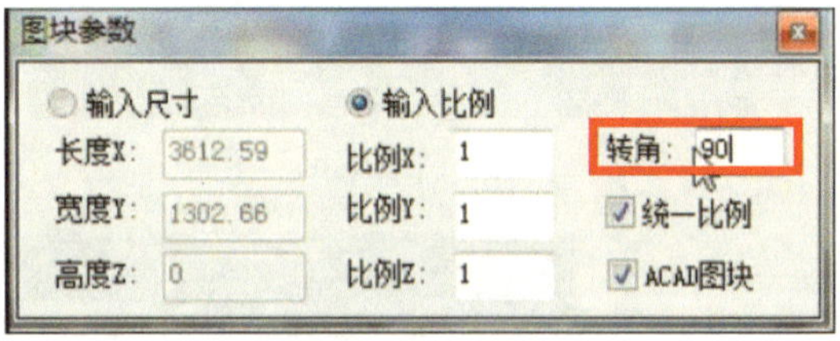

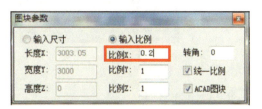

图 1-15-4

3）插入到指定位置：在"建筑平面"下选择"环境景观"，选择"花草"，设置比例参数，输入"0.2"→插入到指定位置，如图1-15-5~图1-15-7所示。

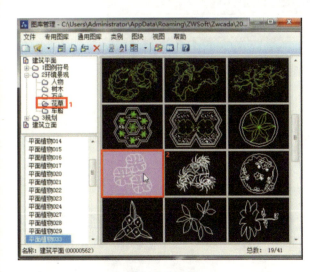

图 1-15-5

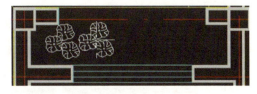

图 1-15-6

图 1-15-7

4）在对比参考时，可以分为两个视口去对比，单击"视图"→"视口"→"两个视口"，设置视口为竖向，输入"V"，这样就可以更方便地对比，如图1-15-8~图1-15-10所示。

5）在左侧工具栏中单击"图块图案"→"图库管理"，弹出"图库管理"对话框→"通用图库"→"室内图库"，在"室内平面"下选择"家具"，选择"床具"，选择指定的图案，设置转角参数，输入"90"→插入到指定位置，如图1-15-11~图1-15-14所示。

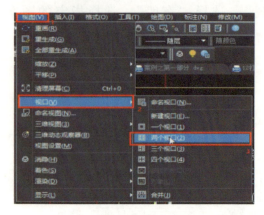

图 1-15-8　　　　　　　　　　　　　　图 1-15-9

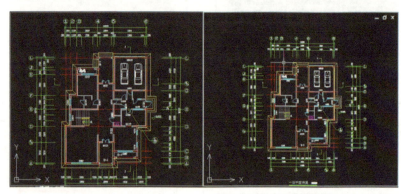

图　1-15-10

（2）快速插块

1）在左侧工具栏中单击"图块图案"→"快速插块"，弹出"快速插块"对话框，选择书桌→输入"A"旋转 90°→输入"T"将基点切换成右上角点→插入到指定位置，如图 1-15-15～图 1-15-19 所示。

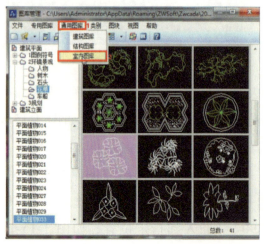

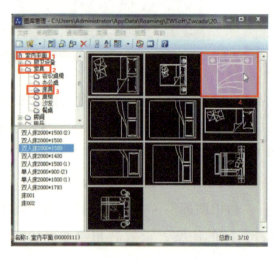

图　1-15-11　　　　　　　　　　　　　图　1-15-12

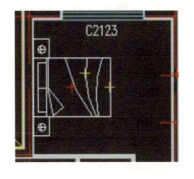

图 1-15-13　　　　　　　　　图 1-15-14　　　　　　　　图 1-15-15

命令: S71_KSCK
请点取插入位置[转90(A)/左右(S)/上下(D)/转角(R)/基点(T)]<退出>:
请点取插入位置[转90(A)/左右(S)/上下(D)/转角(R)/基点(T)]<退出>:
请点取插入位置[转90(A)/左右(S)/上下(D)/转角(R)/基点(T)]<退出>:A
请点取插入位置 转90(A) 左右(S) 上下(D) 转角(R) 基点(T) <退出>:|

图 1-15-16

请点取插入位置[转90(A)/左右(S)/上下(D)/转角(R)/基点(T)]<退出>:
请点取插入位置[转90(A)/左右(S)/上下(D)/转角(R)/基点(T)]<退出>:A
请点取插入位置[转90(A)/左右(S)/上下(D)/转角(R)/基点(T)]<退出>:T
点取基点:
请点取插入位置 转90(A) 左右(S) 上下(D) 转角(R) 基点(T) <退出>:

图 1-15-17

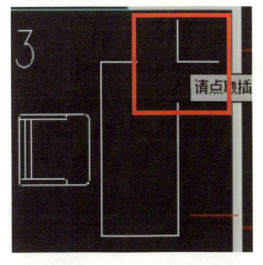

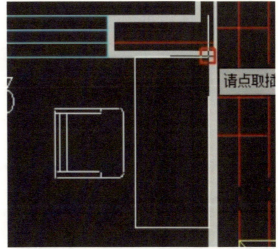

图 1-15-18　　　　　　　　　　　　图 1-15-19

　　2）选择衣柜，插入到指定的位置前，对该位置进行了测量，测量数值为1350，所以要改变衣柜的长度，将长度设置为"1350"，宽度设置为"600"，再将"锁定比例"取消勾选→插入到指定位置，如图1-15-20~图1-15-23所示。

（3）图块编辑

1）选中要修改的图块，右击选择"图块替换"，弹出"图块替换"的对话框，选择指定要替换的图案，选择"等尺寸"，输入"D"完成替换，如图1-15-24~图1-15-26所示。

图 1-15-20

图 1-15-22

图 1-15-21

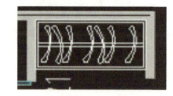

图 1-15-23

图 1-15-24

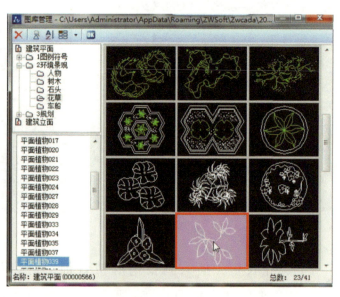

图 1-15-25

图 1-15-26

2）选中要修改的图块，右击选择"对象编辑"→选择"输入尺寸"，长度修改为"500"，宽度修改为"500"→确定，完成编辑，如图 1-15-27~图 1-15-29 所示。

图 1-15-28

图 1-15-27

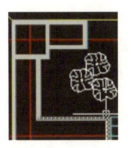

图 1-15-29

（4）尺寸标注 在左侧工具栏中单击"尺寸标注"→"内门标注"，单击要标注的物体，单击任意位置完成标注；改变标注位置为"垛宽定位"，可以输入"A"或者在下方命令栏中选择"垛宽定位"，单击要标注的物体，单击任意位置完成标注，如图 1-15-30~图 1-15-35 所示。

（5）图名标注 在左侧工具栏中单击"文表符号"→"图名标注"，弹出"图名标注"对话框→输入图名"一层平面图布置"，比例选择"1∶100"，文字高度输入"6"→插入到合适的位置即可，如图 1-15-36~图 1-15-38 所示。

图　1-15-30

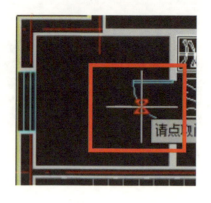

图　1-15-31

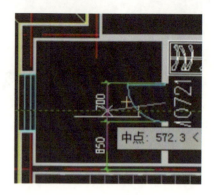

图　1-15-32

图　1-15-33

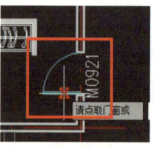

图　1-15-34

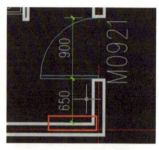

图　1-15-35

图　1-15-36

图　1-15-37

（6）做法标注　在左侧工具栏中单击"文表符号"→"做法标注"，弹出"做法标注"对话框，输入要标注图案的图案名称"石膏角线粘贴，面贴壁纸"，文字高度输入"5"，单击要标注的位置引出标注线→拉到合适位置单击即可，如图 1-15-39～图 1-15-42 所示。

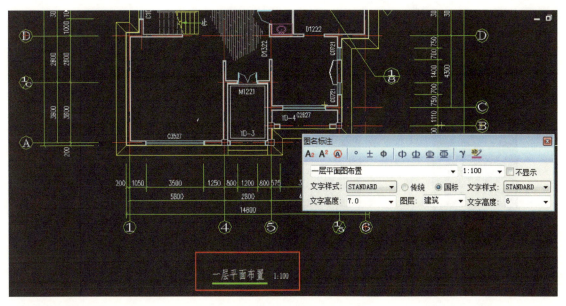

图 1-15-38

图 1-15-39

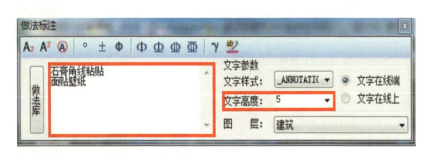

图 1-15-40

（7）立面布置 在左侧工具栏中单击"图块图案"→"图库管理"，弹出"图库管理"对话框→"通用图库"→"室内图库"→在"室内立面"里选择"家具"，在"家具"里选择"古典"，选择指定图案，设置比例参数，"比例 X"设置为"1.8"，"比例 Y"设置为"1.8"，"比例 Z"设置为"1.8"，这时家具和十字光标的位置有所差别，在下方命令栏中选择基点或者输入"T"，指定一个新的基点放到合适的位置即可，如图 1-15-43~图 1-15-50 所示。

图　1-15-41

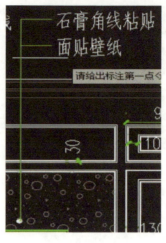

图　1-15-42

图　1-15-43

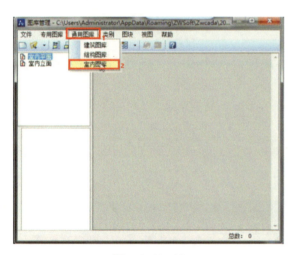

图　1-15-44

图　1-15-45

图　1-15-46

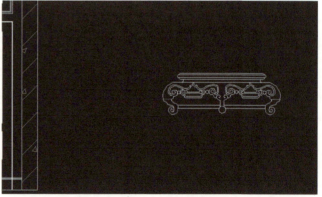

图　1-15-47

图　1-15-48

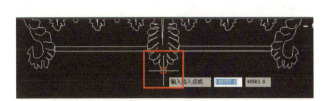

图　1-15-49

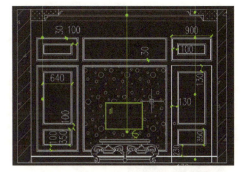

图　1-15-50

（8）逐点标注　在左侧工具栏中单击"尺寸标注"→"逐点标注"，单击一个位置作为起点，再单击第二个点，这时单击任意位置标注的基点都在点取的起点位置，如图 1-15-51~图 1-15-54 所示。

图　1-15-51

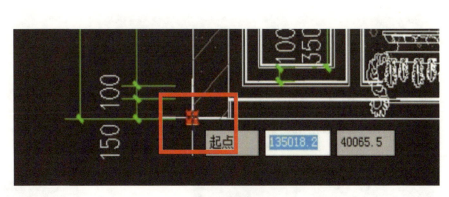

图　1-15-52

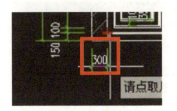

图　1-15-53

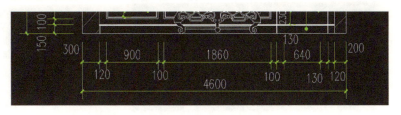

图　1-15-54

（9）洁具布置

1）蹲式大便器布置。在左侧工具栏中单击"房间"→"洁具管理"，弹出"洁具管理"对话框→"蹲式大便器"，选择指定图案，选择"均匀布置"，单击两个点为起点和终点，输入蹲便数量"2"；建立隔断，在左侧工具栏中单击"卫生隔断"，勾选"有隔断门"→指定起点，虚线要跨过两个蹲便→完成建立，如图 1-15-55～图 1-15-65 所示。

图　1-15-55

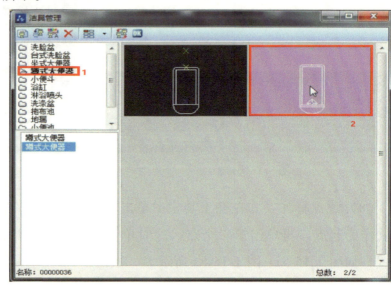

图　1-15-56

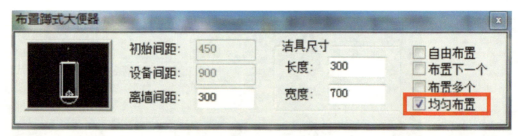

图　1-15-57

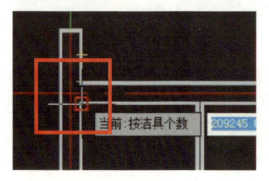

图　1-15-58

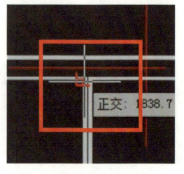

图　1-15-59

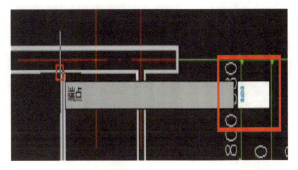

图 1-15-60

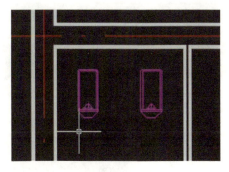

图 1-15-61

图 1-15-62

图 1-15-63

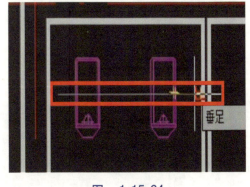

图 1-15-64

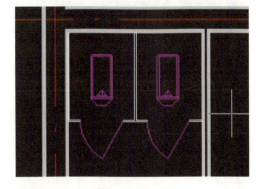

图 1-15-65

2）小便池布置。在左侧工具栏中单击"房间"→"洁具管理"，弹出"洁具管理"对话框→"小便斗"，选择指定图案，选择"均匀布置"，单击两个点为起点和终点→输入蹲便数量"3"；建立隔断，在左侧工具栏中单击"卫生隔断"→取消勾选"有隔断门"→指定起点，虚线要跨过两个蹲便→完成建立，如图1-15-66～图1-15-73所示。

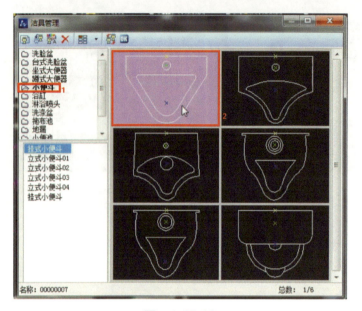

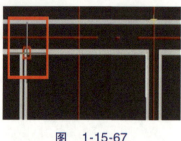

图　1-15-67

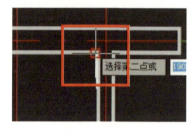

图　1-15-66

图　1-15-68

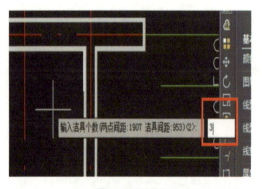

图　1-15-69

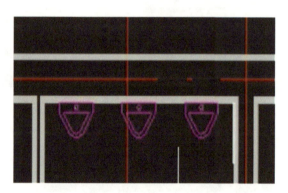

图　1-15-70

图　1-15-71

图　1-15-72

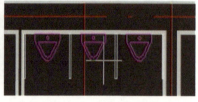

图　1-15-73

3）洗脸盆布置。在左侧工具栏中单击"房间"→"洁具管理"，弹出"洁具管理"对话框→"洗脸盆"，选择指定图案，选择"自由布置"，在下方命令栏中选择"选墙取角度"，插入到指定位置，在下方命令栏中选择"左右翻转"，选取墙体一点完成翻转，如图 1-15-74～图 1-15-79 所示。

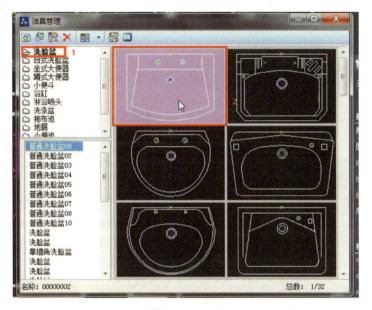

图　1-15-74

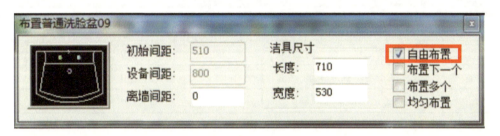

图　1-15-75

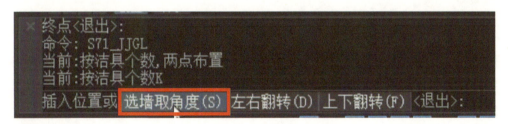

图　1-15-76

图　1-15-77　　　　　图　1-15-78　　　　　图　1-15-79

4）地漏布置。在左侧工具栏中单击"房间"→"洁具管理"，弹出"洁具管理"对话框→"地漏"，选择指定图案，插入到指定位置即可，如图 1-15-80 和

图 1-15-81 所示。

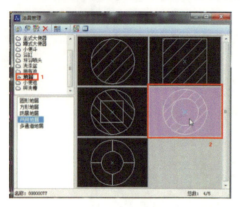

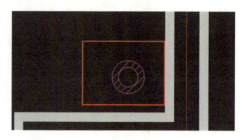

图　1-15-80

图　1-15-81

任务内容	满分	得分
本项任务在1课时内完成	10	
能完整叙述尺寸标注的操作	30	
能按需求插入图形	30	
熟悉运用图库管理器	30	

大国工匠

梁九，中国清代建筑匠师，顺天府（今北京市）人，生于明代天启年间，卒年不详。梁九曾拜冯巧为师。冯巧是明末著名的工匠，技艺精湛，曾任职于工部，多次负责宫殿营造事务。冯巧死后，梁九接替他到工部任职。清代初年宫廷内的重要建筑工程都由梁九负责营造。康熙三十四年（1695）紫禁城内主要殿堂——太和殿焚毁，由梁九主持重建。动工以前，他按十分之一的比例制作了太和殿的木模型，其形制、构造、装修一如实物，据之以施工，当时被誉为绝技。他重建的太和殿保存至今。

练习题

一、绘图题

插入一个长1500、宽700的衣柜，如图 1-15-82 所示。

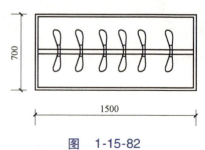

图　1-15-82

二、选择题

尺寸标注的正确步骤是（　　　）。

A. 在左侧工具栏中单击"尺寸标注"→"内门标注"→单击要标注的物体→单击任意位置完成标注

B. 在左侧工具栏中单击"内门标注"→"尺寸标注"→单击要标注的物体→单击任意位置完成标注

C. 单击要标注的物体→单击左侧工具栏中的"内门标注"→"尺寸标注"→单击要标注的物体→单击任意位置完成标注

D. 单击要标注的物体→单击左侧工具栏中的"尺寸标注"→"内门标注"→单击要标注的物体→单击任意位置完成标注

技能 16　图案填充

图案填充

技能目标

了解：各类图案。

掌握：图案填充、图案管理、线图案。

任务链接

图案填充是由多种图案组成的一组整体命令，具体包括图案填充、图案管理、线图案这三种命令，多用于材料标注。

不同的图案表示不同的材料或零件，表达同一张图中的不同材料，多用于剖面和建筑平面图。

任务实施

（1）图案填充　单击左侧屏幕菜单"图块图案"下拉列表中的"图案填充"，弹出"图案填充"对话框→单击左侧图案区弹出"选择图案"窗口（左侧图案名称与右侧图案一一对应），选择"毛石"，双击即可添加到图案填充中→角度设置为"90"（当填充的物体边界没有闭合时需要勾选"边界自动闭合"），选择需要填充的对象→空格完成填充（此时未闭合的部分也将自动完成闭合），如图 1-16-1～图 1-16-6 所示。

图 1-16-1

图 1-16-2

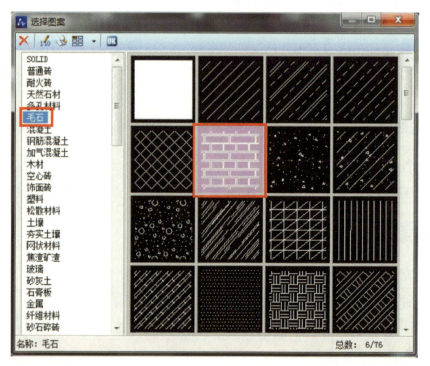

图 1-16-3

图 1-16-4

图 1-16-5

当需要填充的对象中间出现孤岛时需要勾选"孤岛检测"，框选需要填充的对象→光标移至需要填充的区域内单击，即可完成填充，如图1-16-7~图1-16-10所示。

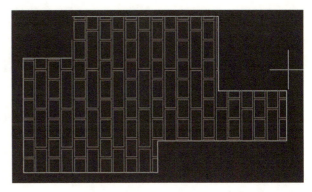

图　1-16-6

（2）图案管理　单击左侧屏幕菜单"图块图案"下拉列表中的"图案管理"，弹出"图案管理"窗口，单击新建图案→下方命令栏中可以输入新建图案的名称，例如 DXB→按<Enter>键确定，如图1-16-11~图1-16-13所示。

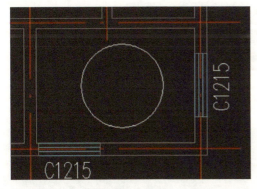

图　1-16-7

图　1-16-8

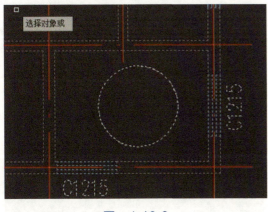

图　1-16-9

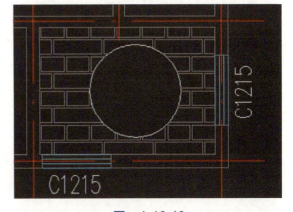

图　1-16-10

框选新建图案的模型→按<Enter>键确定→指定图案基点→横向重复间距→竖向重复间距→按<Enter>键即可完成图案的生成，如图1-16-14~图1-16-18所示。

图　1-16-11

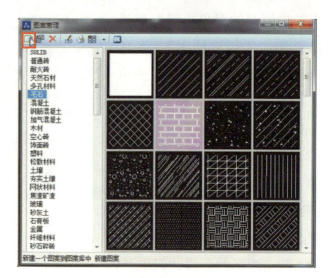

图　1-16-12

图　1-16-13

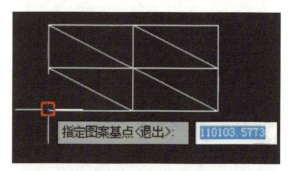

图　1-16-14

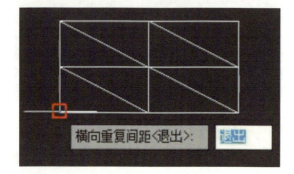

图　1-16-15

图　1-16-16

图　1-16-17

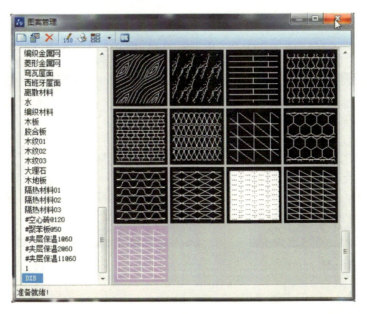

图　1-16-18

　　当需要对填充图案进行编辑时，双击填充图案弹出"填充"对话框，勾选"指定的原点"，"单击以设置新原点"，单击确定即可完成编辑，如图1-16-19~图1-16-22所示。

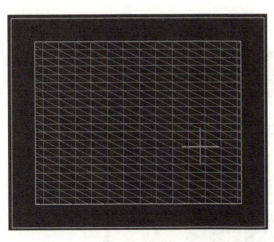

图　1-16-19

图　1-16-20

　　（3）线图案　单击左侧屏幕菜单"图块图案"下拉列表中的"线图案"，弹出"绘制线图案"对话框，单击左侧图案区弹出"图库管理"窗口，选择"素土夯实"，从左到右依次填充，即可完成绘制，如图1-16-23~图1-16-27所示。

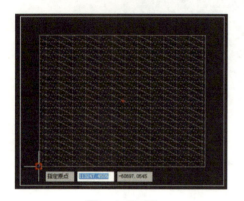

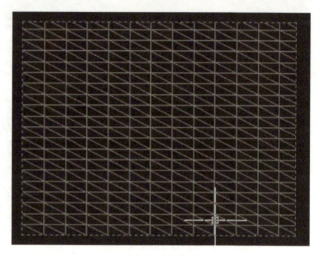

图　1-16-21

图　1-16-22

图　1-16-23

图　1-16-24

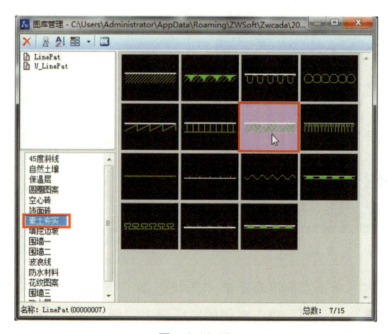

图　1-16-25

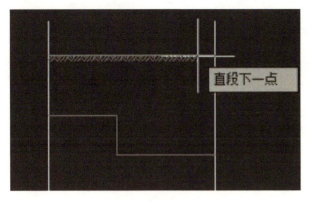

图 1-16-26

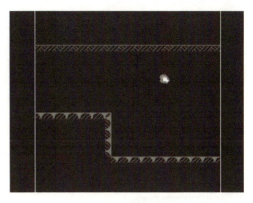

图 1-16-27

当有一段绘制完成的线需要填充时，需要勾选"选线"，选择线段，命令行中输入"Y"按<Enter>键确认即可完成绘制，如图 1-16-28～图 1-16-30 所示。

图 1-16-28

图 1-16-29

还可以在命令行中输入"H"进行填充，类型设置为"用户定义"，角度为"45"，勾选"双向"，间距为"300"→单击"添加：拾取点"，选择需要填充的对象即可完成填充，如图 1-16-31～图 1-16-33 所示。

图 1-16-30

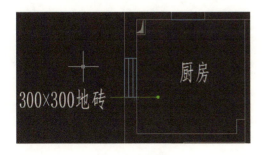

图 1-16-31

图 1-16-32

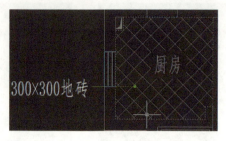

图　1-16-33

任务评价

任务内容	满分	得分
本项任务在 1 课时内完成	10	
掌握图案填充	30	
掌握图案管理	25	
使用线图案	25	
创建新图案	10	

练习题

一、绘图题

绘制 400×400 大小的地砖填充，如图 1-16-34 所示。

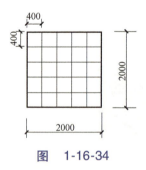

图　1-16-34

二、选择题

1. 图案填充不包括（　　　）。

A. 图案填充　　　B. 图案管理

C. 线图案　　　　D. 绘制图案

2. 孤岛显示样式不包括（　　　）。

A. 普通　　　　　B. 外部

C. 全部　　　　　D. 忽略

图块编辑

技能 17 图块编辑

技能目标

了解：图块的编辑和用途。

掌握：新建图块、图块转化、图块屏蔽、批量入库等操作方法。

任务链接

图样中一些需要重复使用的图形，可以定义成图块，这样，该图形就可以随时随地插入图中了。图块无论插入多少次，引用的都是相同的图块定义数据，因此使用图块可以减小图样的大小。

编辑块实际上还是画图。比如你画好了一个图形，编辑块就是把这些由各种线条组成的图形做成一个整体块进行保存。只是在打开的 CAD 内做的块是临时块，只有把它像保存图样那样保存，才可以在任意图中调用。

任务实施

（1）新建图块

1）在图样绘制完成的基础上，进行"新建图块"，在左侧工具栏中单击"图块图案"→"图库管理"，弹出"图库管理"窗口，根据需要选择图块的归类（本例选择"室内平面"），如图 1-17-1 和图 1-17-2 所示。

图　1-17-1

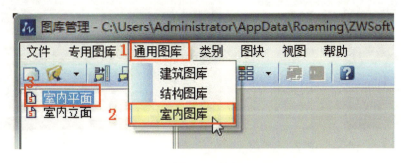

图　1-17-2

2）右击"室内平面"→"新增类别"，根据需要设置图块的名称（本例名称为"自用图库"），如图 1-17-3 和图 1-17-4 所示。

图　1-17-3

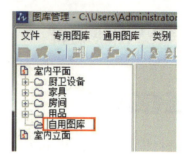

图　1-17-4

3）在选中"自用图库"的情况下，单击窗口上边的"新建图块"命令，框选绘制好的图样，单击确认，选择一点作为基点，完成绘制，如图 1-17-5 和图 1-17-6 所示。

图　1-17-5

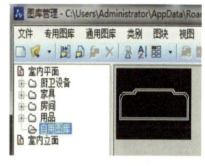

图　1-17-6

（2）图块转化　选中图块右击，单击"图块转化"，根据需要进行拖拽拉伸，完成图块转化，如图 1-17-7 和图 1-17-8 所示。

图　1-17-7

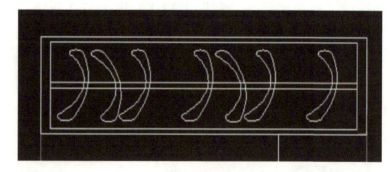

图　1-17-8

（3）图块屏蔽

1）屏蔽遮挡文字的填充，选中填充图案右击，单击"图案加洞"，框选文字，完成屏蔽，如图 1-17-9~图 1-17-11 所示。

图　1-17-9　　　　　　　　图　1-17-10　　　　　　　图　1-17-11

2）屏蔽遮挡图块的填充，选中图块右击，单击"精确屏蔽"，完成屏蔽，如图 1-17-12 和图 1-17-13 所示。

图　1-17-12

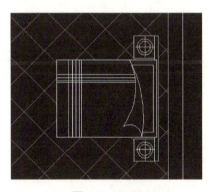

图　1-17-13

（4）批量入库

1）在左侧工具栏中单击"图块图案"→"图库管理"，根据需要选择导入图块的位置（本例"室内立面"→"家具"→"欧式床"），如图 1-17-14 和图 1-17-15 所示。

图　1-17-14

图　1-17-15

2）单击窗口上方的"批量入库"命令，弹出"批量入库"对话框，单击"确定"，选择需要的图样，单击"打开"，完成批量入库，如图 1-17-16～图 1-17-19 所示。

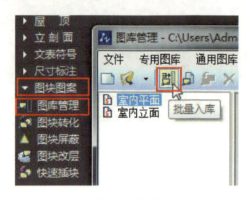

图　1-17-16

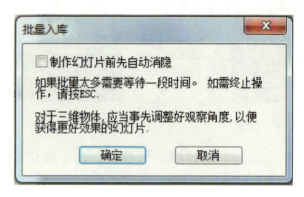

图　1-17-17

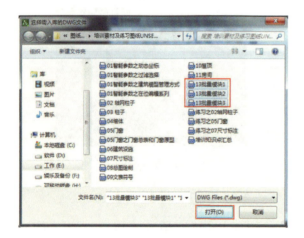

图　1-17-18

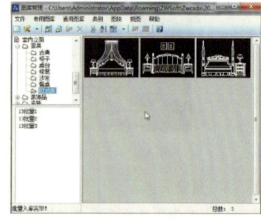

图　1-17-19

 任务评价

任务内容	满分	得分
本项任务在 1 课时内完成	10	
图块屏蔽正确	30	
能正确新建图块	25	
能正确批量入库	25	
能正确图块转化	10	

 **练习题**

一、绘图题

精确屏蔽遮挡图块的填充，如图 1-17-20 所示。

图　1-17-20

二、选择题

1. 图块进行拖拽拉伸，右击图块选择（　　）命令。

A. 对象编辑　　　　B. 在位编辑

C. 图块替换　　　　D. 图块转化

2. 屏蔽遮挡文字的填充，右击填充，选择（　　）命令。

A. 布尔编辑　　　　B. 图案加洞

C. 图案消洞　　　　D. 分解

技能 18 出图打印

出图打印

 **技能目标**

了解：改变布局页面、改变比例、布置图形和插入图框。

掌握：页面布局的参数修改，如何快速正确布置合适的图形、设置比例的修改。

任务链接

按照制图规范要求，通过布局参数修改将计算机图样打印出图，形成完整规范的纸质图样。

本节讲解打印图样时的页面布局设置和图纸的尺寸、比例，图形的比例、方向。

任务实施

（1）改变布局页面

1）单击下方菜单栏"布局1"，如图1-18-1和图1-18-2所示。

图 1-18-1

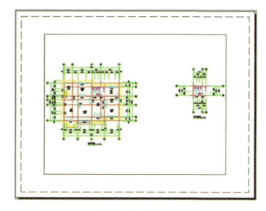

图 1-18-2

2）右击下方菜单栏"布局1"，单击"页面设置"，弹出"页面设置管理器"对话框，单击"修改"，如图1-18-3和图1-18-4所示。

图 1-18-3

图 1-18-4

3）选择打印机名称"DWG to PDF. pc5"→单击"特性"，如图1-18-5和图1-18-6所示。

4）修改标准图纸尺寸→修改为"ISO A1（841＊594）"，单击"修改"，将"上、下、左、右"的尺寸修改为"0"，单击"下一步"，如图1-18-7和图1-18-8所示。

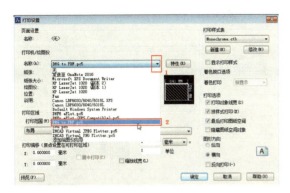

图 1-18-5

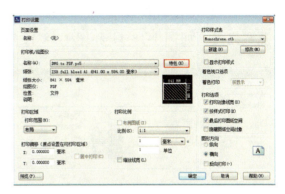

图 1-18-6

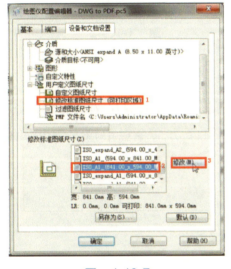

图 1-18-7

图 1-18-8

5) 选择刚刚设置的纸张大小→比例设置为"1∶1"如图 1-18-9 和图 1-18-10 所示。

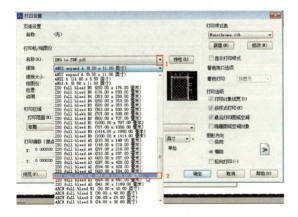

图 1-18-9

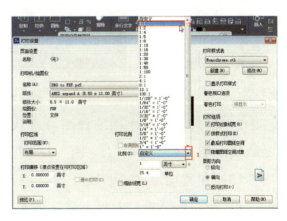

图 1-18-10

6）打印样式设置为"Monochrome.ctb"，即黑白打印，单击"确定"，页面设置完成，如图 1-18-11 和图 1-18-12 所示。

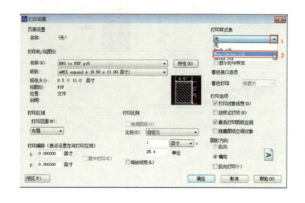

图 1-18-11

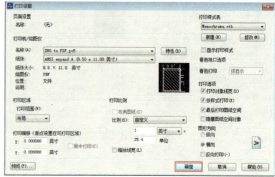

图 1-18-12

（2）改变比例

1）改变比例的作用是将图纸中所绘制图形的文字高度的比例进行修改。在左侧菜单栏中单击"文件布图"→"改变比例"→在下方命令栏中输入"50"→确认，如图 1-18-13 和图 1-18-14 所示。

图 1-18-13

图 1-18-14

2）框选要改变比例的详图→确认即可，改变后的文字高度发生了改变，可是数值没变，如图 1-18-15～图 1-18-17 所示。

（3）布置图形

1）在左侧菜单栏中单击"文件布图"→"布置图形"，框选要布置的图形，如图 1-18-18 和图 1-18-19 所示。

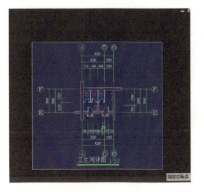

图 1-18-15

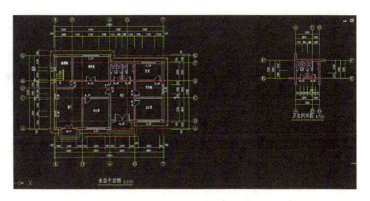

图 1-18-16

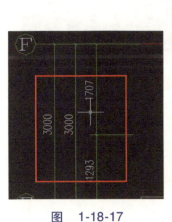

图 1-18-17

图 1-18-18

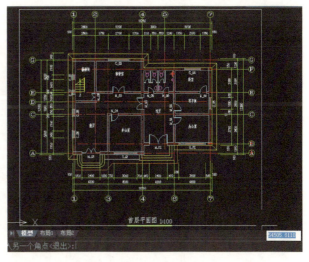

图 1-18-19

2) 在下方命令栏中输入出图比例"100"→是否旋转选择"否",如图 1-18-20 和图 1-18-21 所示。

图 1-18-20

图 1-18-21

3) 选择合适的位置插入,重复上一个命令,选择另一个图形,如图 1-18-22 和图 1-18-23 所示。

4) 在下方命令栏中输入出图比例"50"→是否旋转选择"否",选择合适的位置插入,可以对插入的图形位置进行移动,如图 1-18-24~图 1-18-27 所示。

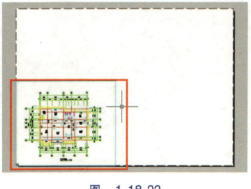

图　1-18-22

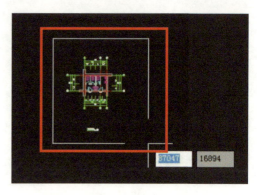

图　1-18-23

图　1-18-24

图　1-18-25

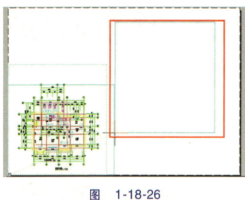

图　1-18-26

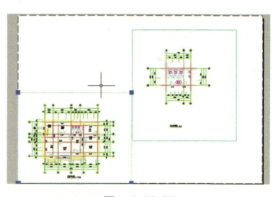

图　1-18-27

（4）插入图框

1）在左侧菜单栏中单击"文件布图"→"插入图框"，弹出"标准图框"对话框→图幅选择"A1"→取消勾选"会签栏"→比例选择"1∶1"，单击"插入"，如图1-18-28和图1-18-29所示。

2）在下方命令栏中输入"0，0"→输入"CTRL+P"→弹出"打印"对话框→单击"预览"查看图样，如图1-18-30～图1-18-33所示。

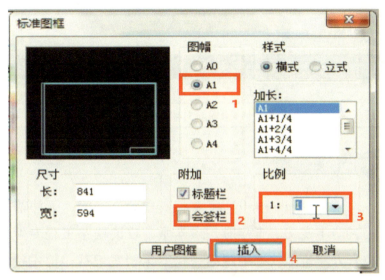

图 1-18-28

图 1-18-29

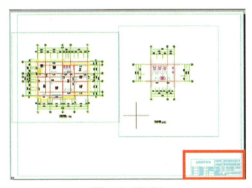

图 1-18-30

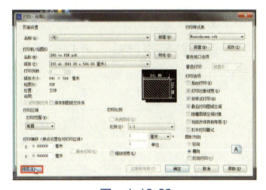

图 1-18-31

图 1-18-32

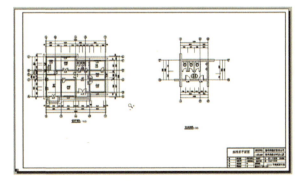

图 1-18-33

任务评价

任务内容	满分	得分
本项任务在 1 课时内完成	50	
能按不同要求完成打印操作	50	

大国工匠

　　沈琪（1871~1930）字慕韩、穆涵、谷涵，天津静海岳家园村人。沈琪出生寒门，幼年丧父。青年时，入学堂，攻读铁路工程专业。他是见于记载的中国第一位官方建筑师。据中国第一档案馆档案记载，他主持修建的清陆军部和海军部旧址，反映了 20 世纪初中国建筑设计和营造施工高超的水平。

练习题

选择题

1. 在打印图样时，如何提前看到打印出来的效果？（　　）

A. 应用到布局　　　　　　　　B. 确定

C. 预览　　　　　　　　　　　D. 帮助

2. 设置打印图样时，可打印区域的上、下、左、右空隙的距离是（　　）。

A. 0　　　　　　　　　　　　B. 1

C. 3　　　　　　　　　　　　D. 2

第2篇 建筑实例

 **别墅建筑平面图**

技能目标

了解：建筑图的制作流程。

掌握：建筑图平面的绘制方法。

任务链接

本例是以一个别墅建筑图为实例，为大家讲解建筑平面图的制作流程，配合前面详细的分解步骤图和视频，展示实际作图的方法。

建筑平面图又可简称平面图，是将新建建筑物或构筑物的墙、门窗、楼梯、地面及内部功能布局等建筑情况，以水平投影方法和相应的图例所组成的图样。

任务实施

如图 2-1-1 是某别墅一层与二层的平面图，请使用所学操作方式来绘制。

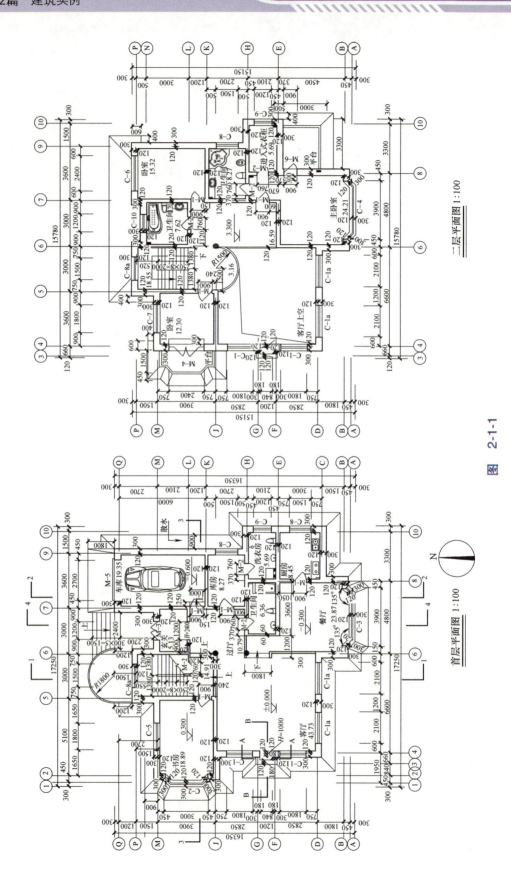

二层平面图 1:100

首层平面图 1:100

图 2-1-1

第一步，绘制轴网并且标注轴号，如图 2-1-2 所示。

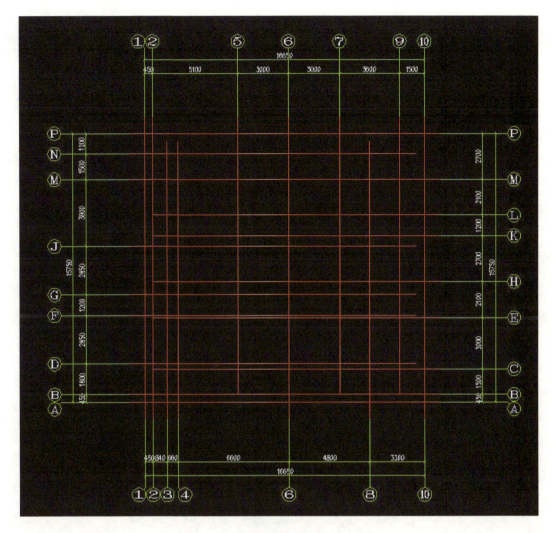

图　2-1-2

第二步，放置柱体，如图 2-1-3 所示。

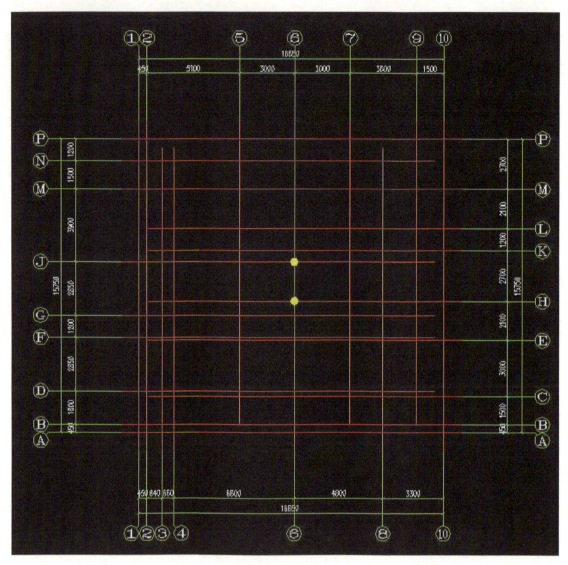

图 2-1-3

第三步，绘制墙体，如图 2-1-4 所示。

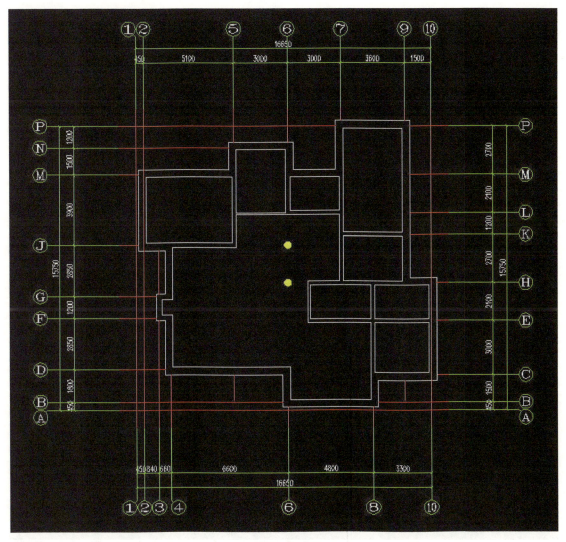

图　2-1-4

第四步，绘制门窗，如图 2-1-5 所示。

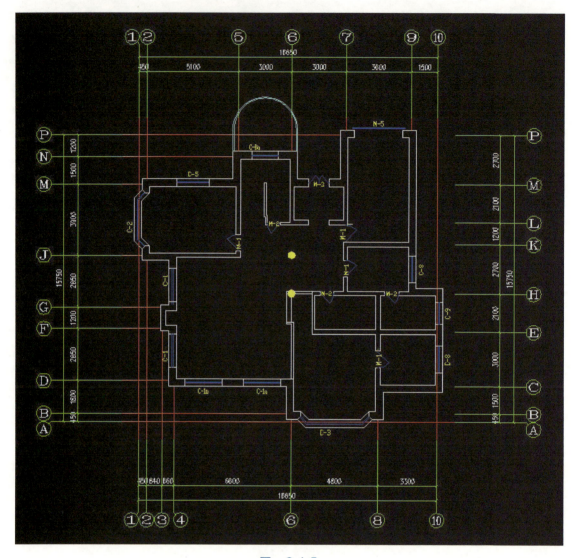

图　2-1-5

第五步，设计楼梯，如图 2-1-6 所示。

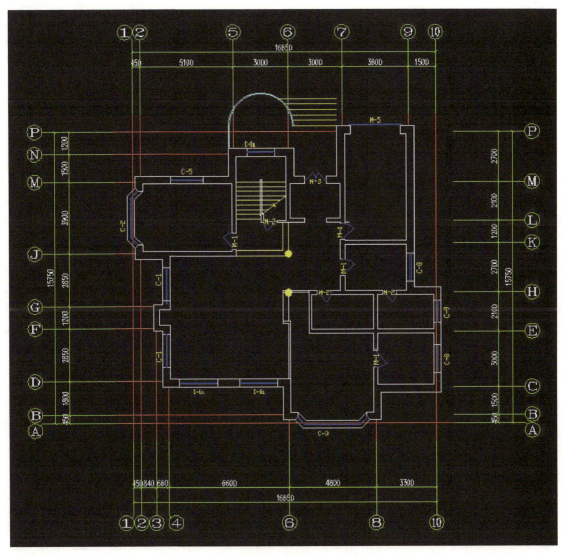

图　2-1-6

第六步，设计散水，如图 2-1-7 所示。

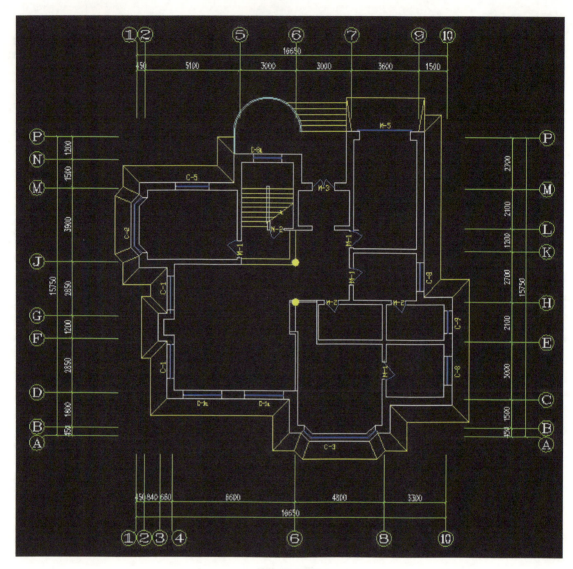

图　2-1-7

第七步，门窗标注，如图 2-1-8 所示。

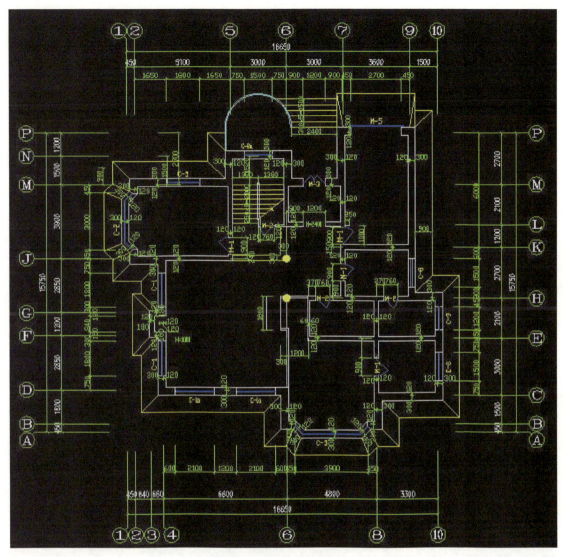

图 2-1-8

第八步，放置家具，如图 2-1-9 所示。

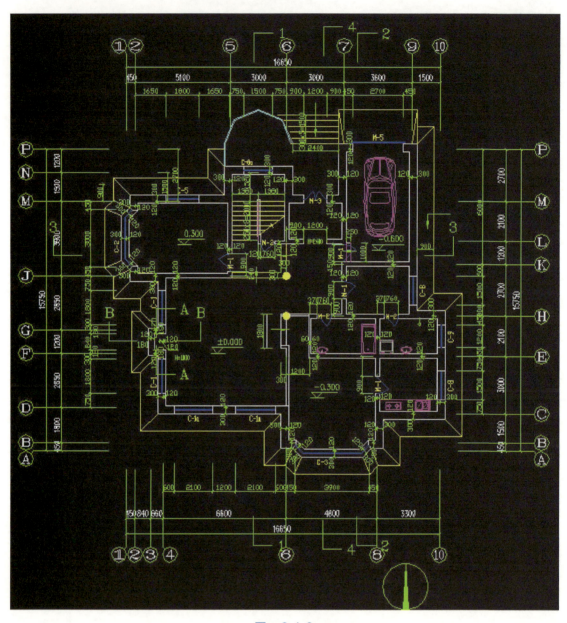

图　2-1-9

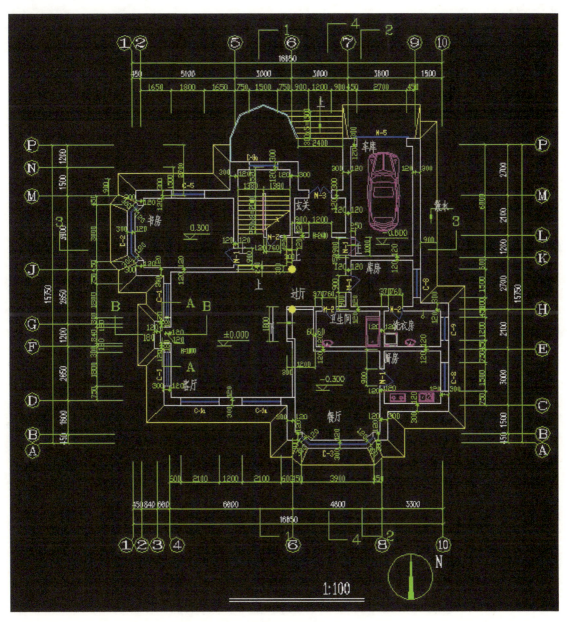

第九步，文表符号标注，如图 2-1-10 所示。

图　2-1-10

做完以上步骤别墅首层平面图就算完成了，二层与一层做法和道理相同，在此不做示范。

实例 2　别墅各立面及剖面

技能目标

了解：建筑立面图及剖面图的制作流程。

掌握：建筑立面图及剖面图的绘制方法。

任务链接

本例是以一个别墅建筑图为实例，为大家讲解建筑立面及剖面图的制作流程，配合前面详细的分解步骤图和视频，展示实际作图的方法。

建筑立面图：是指在与建筑物立面平行的铅垂投影面上所做的投影图，简称立面图。

建筑剖面图：指的是假想用一个或多个垂直于外墙轴线的铅垂剖切面，将房屋剖开，所得的投影图，简称剖面图。剖面图用以表示房屋内部的结构或构造形式、分层情况和各部位的联系、材料及其高度等，是与平面图、立面图相互配合的不可缺少的重要图样之一。

任务实施

如图 2-2-1 是某别墅四个外立面，请使用所学操作方式来绘制。

第一步，生成外立面，如图 2-2-2 所示。

第二步，放置标高、尺寸以及文字标注，如图 2-2-3 所示。

第三步，放置图名，如图 2-2-4 所示。

做完以上步骤立面图就算完成了，其他三个立面图做法和道理相同，在此不做示范。

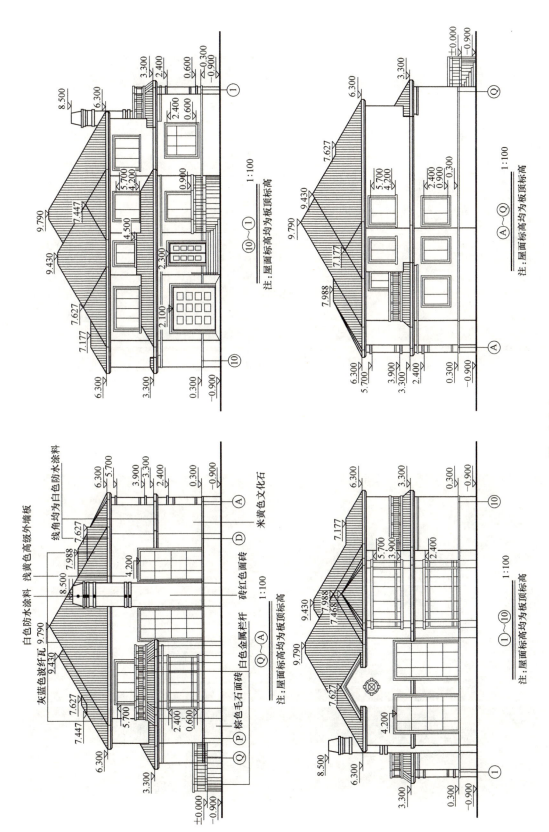

注：屋面标高均为板顶标高

注：屋面标高均为板顶标高

注：屋面标高均为板顶标高

注：屋面标高均为板顶标高

白色防水涂料 浅黄色高级外墙板

线角均为白色防水涂料

砖红色面砖

米黄色文化石

白色金属栏杆

棕色毛石面砖

灰蓝色波纤瓦

图 2-2-1

图　2-2-2

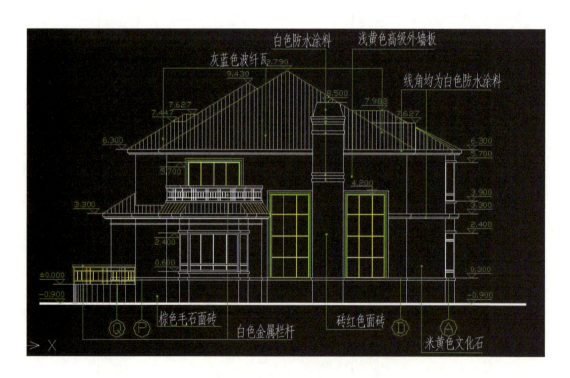

图　2-2-3

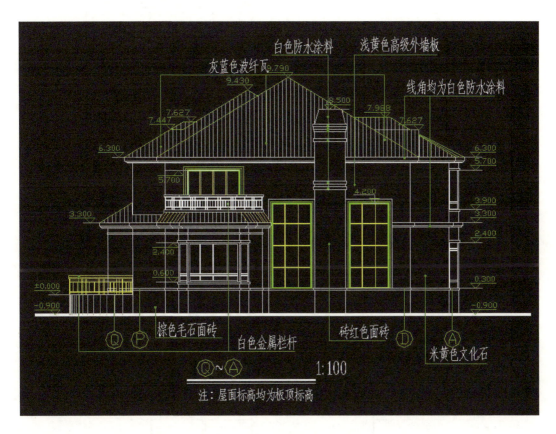

图 2-2-4

如图 2-2-5 是某别墅四个剖面，请使用所学操作方式来绘制。

第一步，生成剖面，如图 2-2-6 所示。

第二步，放置标高、尺寸以及文字标注，如图 2-2-7 所示。

第三步，放置图名，如图 2-2-8 所示。

做完以上步骤剖面图就算完成了，其他三个剖面图做法和道理相同，在此不做示范。

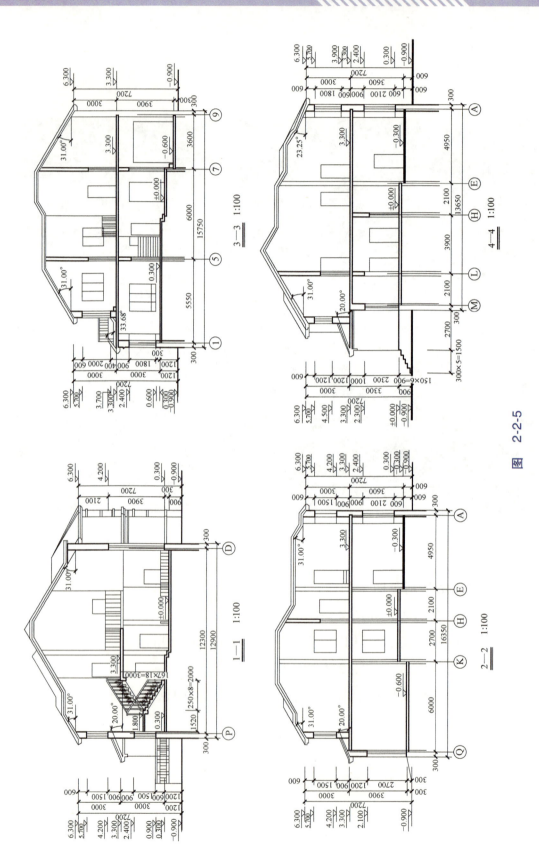

图 2-2-5

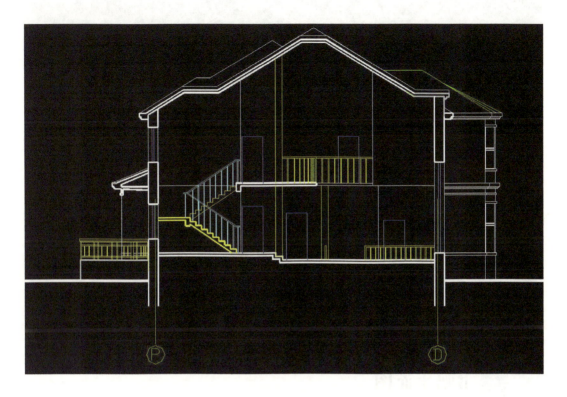

图　2-2-6

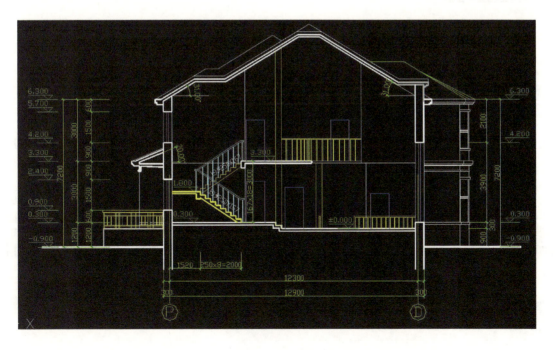

图　2-2-7

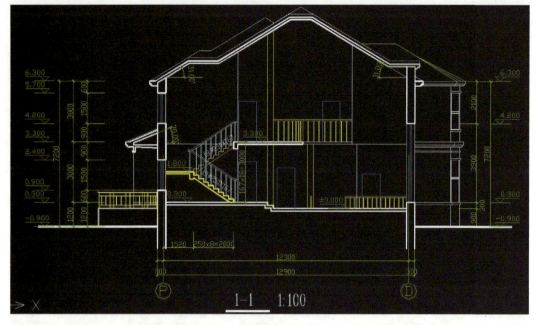

图 2-2-8

实例3　书吧平面图

技能目标

了解：装饰设计图的制作流程。

掌握：装饰设计图平面的绘制方法。

任务链接

本例是以一个书吧的装饰设计图为实例，为大家讲解装饰设计图平面图的制作流程，配合前面详细的分解步骤图和视频，展示实际作图的方法。

平面布置图一般指用平面的方式展现空间的布置和安排，分公共空间平面布置图、室内平面布置图、绿化平面布置图等。平面布置图在工程上一般是指建筑物布置方案的一种简明图解形式，用以表示建筑物、构筑物、设施、设备等的相对平面位置。

任务实施

如图 2-3-1 是某书吧的平面图，请使用所学操作方式来绘制。

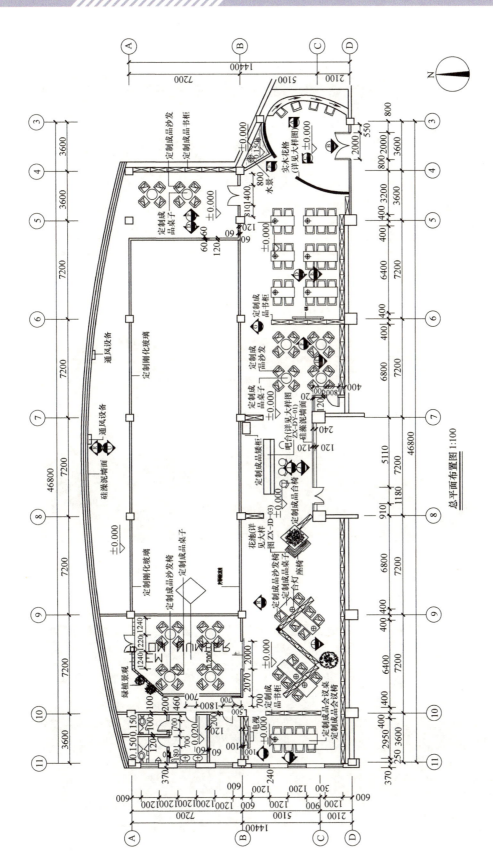

总平面布置图 1:100

图 2-3-1

第一步，绘制轴网并标注轴号，如图 2-3-2 所示。

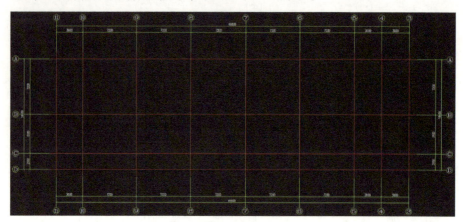

图 2-3-2

第二步，放置柱体，如图 2-3-3 所示。

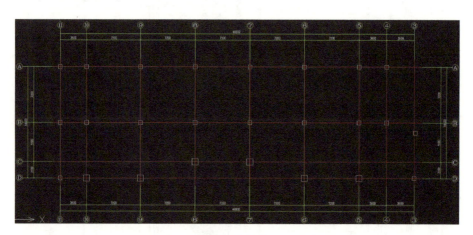

图 2-3-3

第三步，绘制墙体，如图 2-3-4 所示。

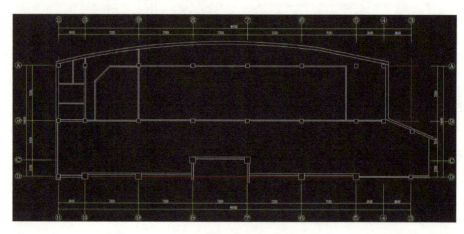

图 2-3-4

第四步，绘制门窗，如图 2-3-5 所示。

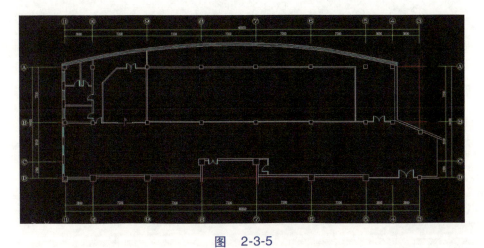

图　2-3-5

第五步，门窗标注，如图 2-3-6 和图 2-3-7 所示。

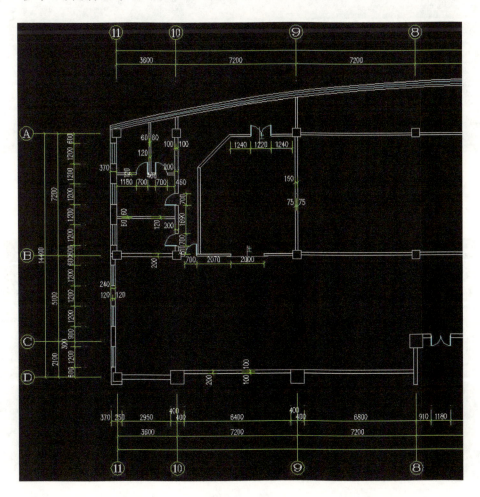

图　2-3-6

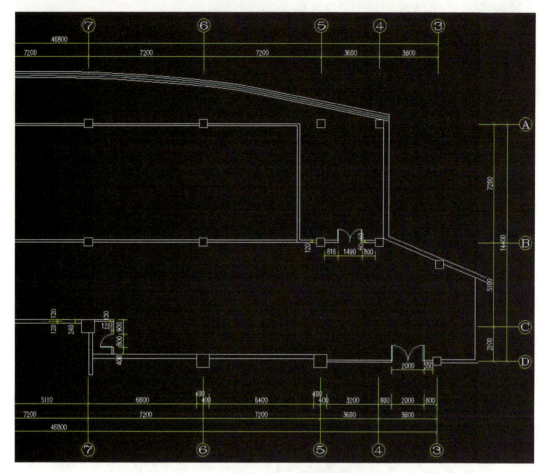

图 2-3-7

第六步,放置家具,如图 2-3-8 所示。

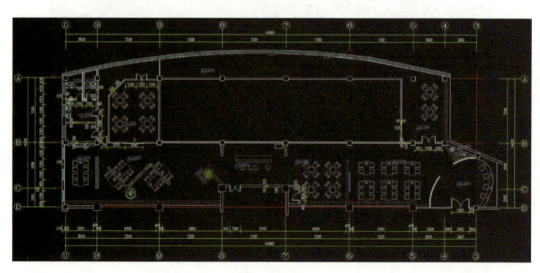

图 2-3-8

第七步，文表符号标注，如图 2-3-9 所示。

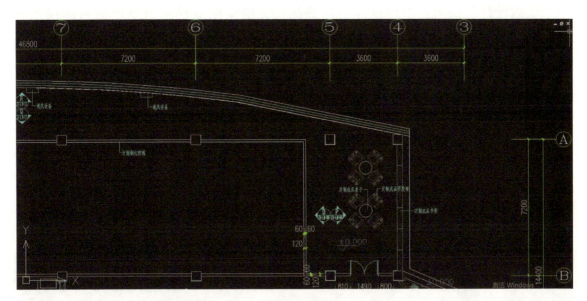

图 2-3-9

做完以上步骤书吧平面图就算完成。

实例4 书吧各立面及剖面

 技能目标

了解：室内立面图和剖面图的制作流程。

掌握：室内立面图和剖面图的绘制方法。

任务链接

本例是以一个书吧的装饰设计图为实例，为大家讲解装饰设计立面图和剖面图的制作流程，配合前面详细的分解步骤图和视频，展示实际作图的方法。

室内立面图：室内在平行于该外墙面的投影面上的正投影图，是用来表示室内的外貌，并表明外墙装饰要求的图样。表示方法主要有以下两种：（1）对有定位轴线的室内物品，宜根据两端定位轴线编注立面图名称；（2）无定位轴线的立面图，可按平面图各面的方向确定名称。也有按室内立面图的主次，把室内立面图主要入口面或反映室内外貌主要特征的立面称为正立面图，从而确定背立面图和左、右侧立面图。

室内设计剖面图：室内设计的内部结构，剖面图能反映出室内的内部规划和细节。比如建筑物内部有几堵墙、隔成了多少个独立空间、内部空间的大小、墙面的厚度、内部空间的亮度等方面。

任务实施

1）书吧前厅 A 立面，在左侧工具栏中单击"立剖面"→"局部立面"→在下方命令栏中输入"F"，框选所需墙体，生成立面外框，如图 2-4-1～图 2-4-4 所示。

图 2-4-1

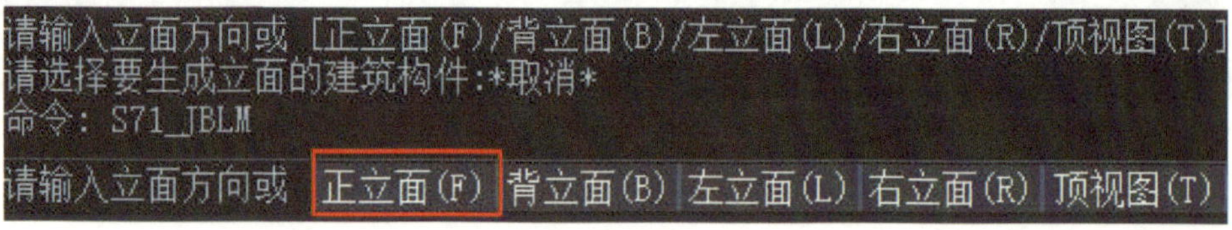

图 2-4-2

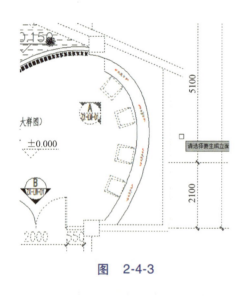

图 2-4-3

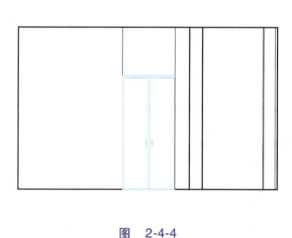

图 2-4-4

2）生成书吧前厅 A 立面外框后，把不需要的部分修剪，进行装饰绘图。先描绘出家具的模型位置，再进行家具填充，最后进行尺寸、材料、家具和图名的标注，完成书吧前厅 A 立面，如图 2-4-5～图 2-4-7 所示。

图 2-4-7 是某书吧前厅 A 立面完成图，请使用所学操作方式来绘制。

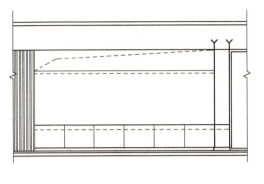

图 2-4-5

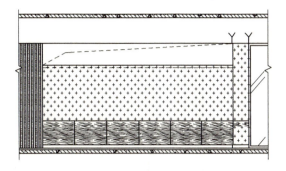

图 2-4-6

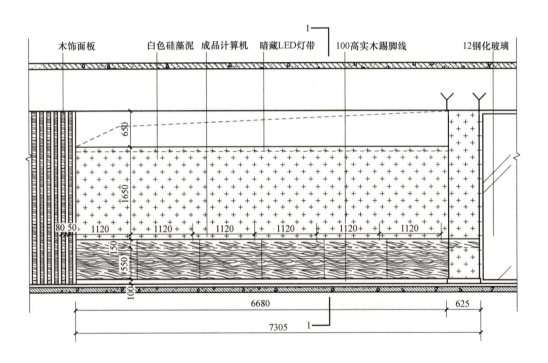

书吧前厅A立面图 1:50

图 2-4-7

3）书吧前厅 B 立面图，运用学过的绘制方法生成书吧前厅 B 立面外框，生成书吧前厅 B 立面外框后，把不需要的部分修剪，进行装饰绘图。先描绘出家具的模型位置，再进行家具填充，最后进行尺寸、材料、家具和图名的标注，完成书吧前厅 B 立面，如图 2-4-8~图 2-4-11 所示。

图 2-4-11 是某书吧前厅 B 立面完成图，请使用所学操作方式来绘制。

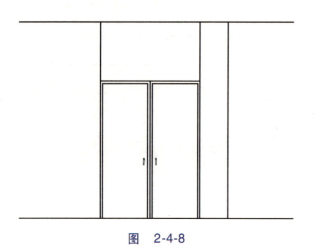

图 2-4-8

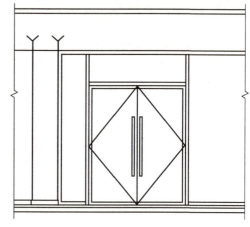

图 2-4-9

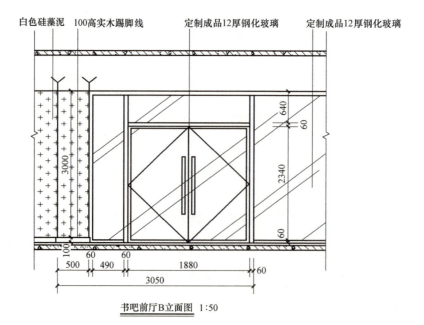

图 2-4-10

白色硅藻泥　100高实木踢脚线　　　定制成品12厚钢化玻璃　　　定制成品12厚钢化玻璃

书吧前厅B立面图　1:50

图 2-4-11

4）书吧前厅C立面图，运用学过的绘制方法生成书吧前厅C立面外框，生成书吧前厅C立面外框后，把不需要的部分修剪，进行装饰绘图。先描绘出家具的模型位置，再进行家具填充，最后进行尺寸、材料、家具和图名的标注，完成书吧前厅C立面，如图2-4-12~图2-4-15所示。

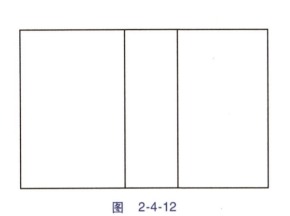

图　2-4-12

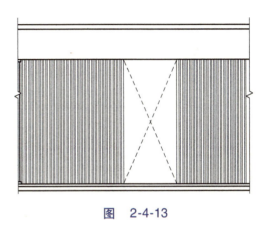

图　2-4-13

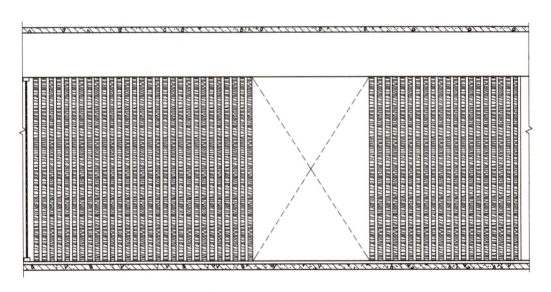

图　2-4-14

图2-4-15是某书吧前厅C立面完成图，请使用所学操作方式来绘制。

5）书吧沙龙区D立面图，运用学过的绘制方法生成书吧沙龙区D立面外框，生成书吧沙龙区D立面外框后，把不需要的部分修剪，进行装饰绘图。先描绘出家具的模型位置，再进行家具填充，最后进行尺寸、材料、家具和图名的标注，完成书吧沙龙区D立面，如图2-4-16~图2-4-19所示。

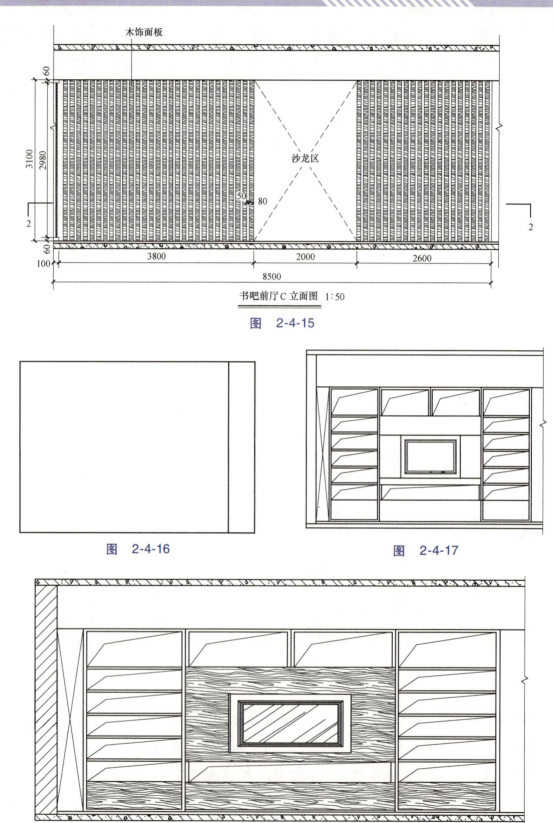

木饰面板

沙龙区

60

3100
2980

2

60

100 3800 2000 2600

8500

书吧前厅C立面图 1:50

图 2-4-15

图 2-4-16

图 2-4-17

图 2-4-18

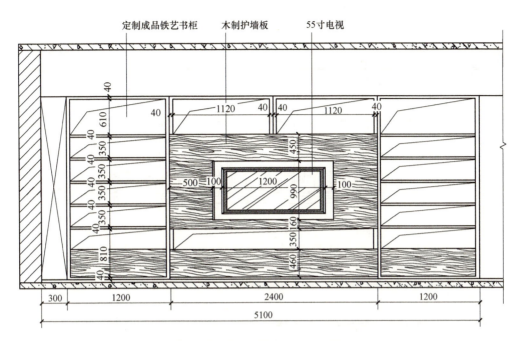

定制成品铁艺书柜　　木制护墙板　　55寸电视

书吧沙龙区D立面图　1:50

图　2-4-19

图2-4-19是某书吧沙龙区D立面完成图，请使用所学操作方式来绘制。

6）书吧沙龙区E立面图，运用学过的绘制方法生成书吧沙龙区E立面外框，生成书吧沙龙区E立面外框后，把不需要的部分修剪，进行装饰绘图。先描绘出家具的模型位置，再进行家具填充，最后进行尺寸、材料、家具和图名的标注，完成书吧沙龙区E立面，如图2-4-20~图2-4-23所示。

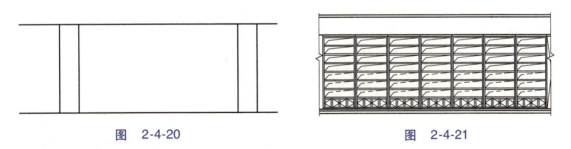

图　2-4-20　　　　　　　　　　　　　　图　2-4-21

图2-4-23是某书吧沙龙区E立面完成图，请使用所学操作方式来绘制。

7）书吧员工休闲茶水区F立面图，运用学过的绘制方法生成书吧员工休闲茶水区F立面外框，生成书吧员工休闲茶水区F立面外框后，把不需要的部分修剪，进行装饰绘图。先描绘出家具的模型位置，再进行家具填充，最后进行尺寸、

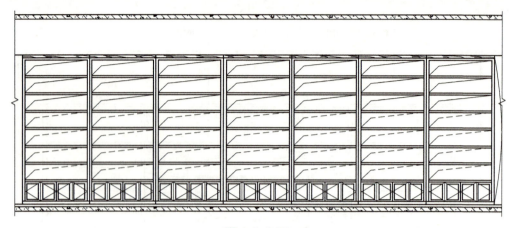

图　2-4-22

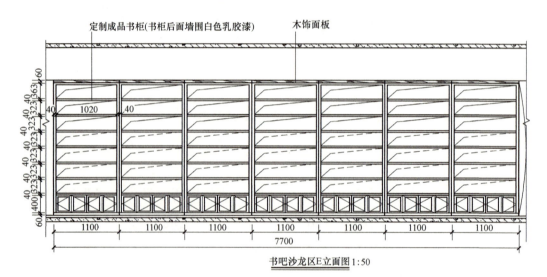

书吧沙龙区E立面图 1:50

图　2-4-23

材料、家具和图名的标注，完成书吧员工休闲茶水区 F 立面，如图 2-4-24 ～图 2-4-27 所示。

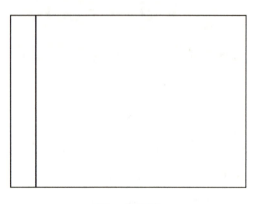

图　2-4-24

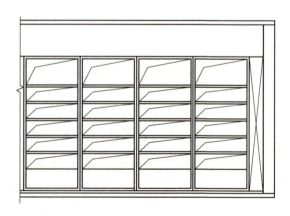

图　2-4-25

图　2-4-26

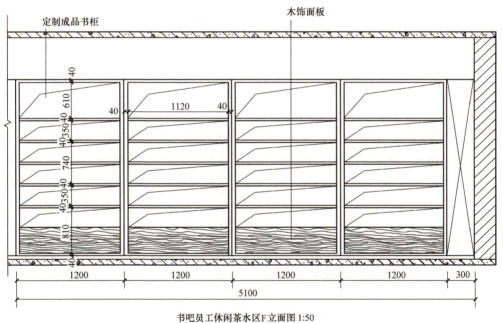

书吧员工休闲茶水区F立面图 1:50

图　2-4-27

　　图 2-4-27 是某书吧员工休闲茶水区 F 立面完成图，请使用所学操作方式来绘制。

　　8）书吧员工休闲茶水区 G 立面图，运用学过的绘制方法生成书吧员工休闲茶水区 G 立面外框，生成书吧员工休闲茶水区 G 立面外框后，把不需要的部分修剪，进行装饰绘图。先描绘出家具的模型位置，再进行家具填充，最后进行尺寸、材料、家具和图名的标注，完成书吧员工休闲茶水区 G 立面，如图 2-4-28～图 2-4-31 所示。

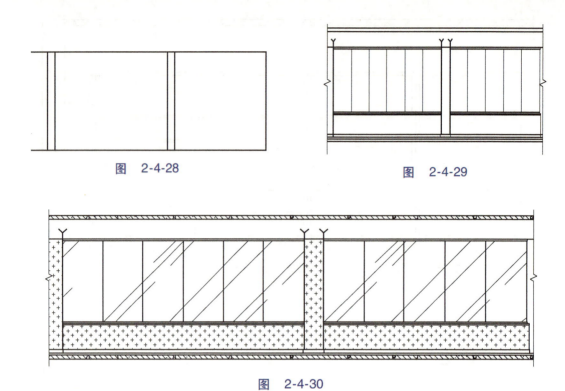

图　2-4-28

图　2-4-29

图　2-4-30

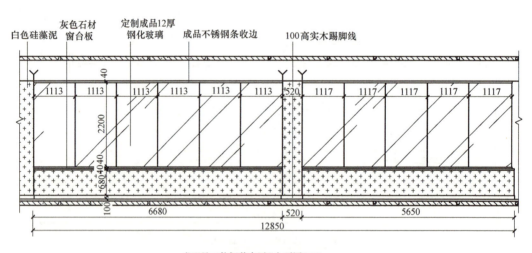

书吧员工休闲茶水区G立面图 1:50

图　2-4-31

图 2-4-31 是某书吧员工休闲茶水区 G 立面完成图，请使用所学操作方式来绘制。

9）书吧员工休闲茶水区 H 立面图，运用学过的绘制方法生成书吧员工休闲茶水区 H 立面外框，生成书吧员工休闲茶水区 H 立面外框后，把不需要的部分修剪，进行装饰绘图。先描绘出家具的模型位置，再进行家具填充，最后进行尺寸、材料、家具和图名的标注，完成书吧员工休闲茶水区 H 立面，如图 2-4-32~图 2-4-35 所示。

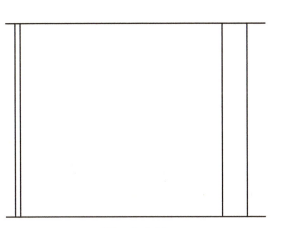

图 2-4-32

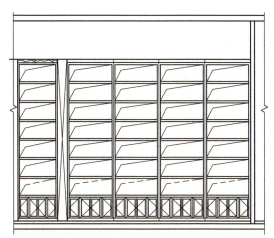

图 2-4-33

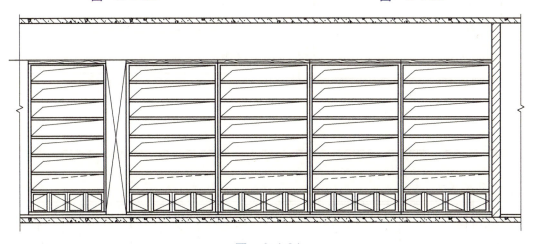

图 2-4-34

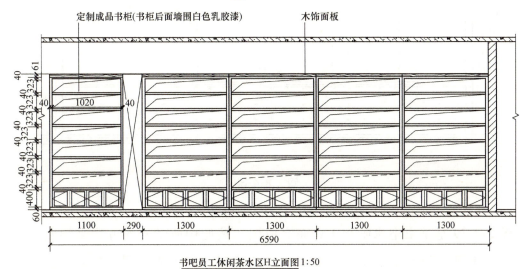

定制成品书柜(书柜后面墙围白色乳胶漆)　　　木饰面板

书吧员工休闲茶水区H立面图1:50

图 2-4-35

图 2-4-35 是某书吧员工休闲茶水区 H 立面完成图，请使用所学操作方式来绘制。

10）书吧水吧台 I 立面图，运用学过的绘制方法生成书吧水吧台 I 立面外框，生成书吧水吧台 I 立面外框后，把不需要的部分修剪，进行装饰绘图。先描绘出家具的模型位置，再进行家具填充，最后进行尺寸、材料、家具和图名的标注，完成书吧水吧台 I 立面，如图 2-4-36~图 2-4-39 所示。

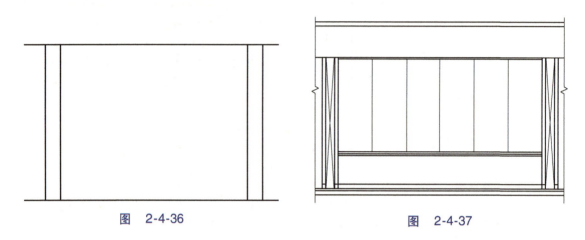

图　2-4-36　　　　　　　　　　　　图　2-4-37

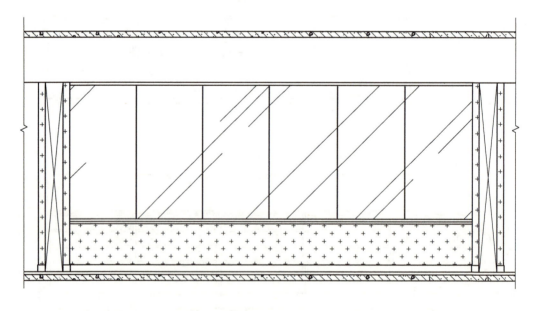

图　2-4-38

图 2-4-39 是某书吧水吧台 I 立面完成图，请使用所学操作方式来绘制。

11）书吧水吧台 J 立面图，运用学过的绘制方法生成书吧水吧台 J 立面外框，生成书吧水吧台 J 立面外框后，把不需要的部分修剪，进行装饰绘图。先描绘出

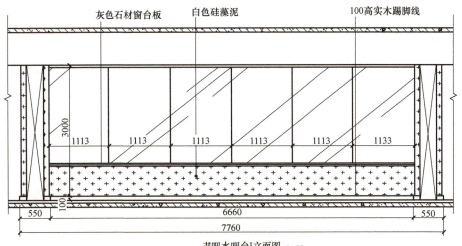

灰色石材窗台板　　　白色硅藻泥　　　　　100高实木踢脚线

书吧水吧台I立面图　1:50

图　2-4-39

家具的模型位置，再进行家具填充，最后进行尺寸、材料、家具和图名的标注，完成书吧水吧台J立面，如图2-4-40～图2-4-43所示。

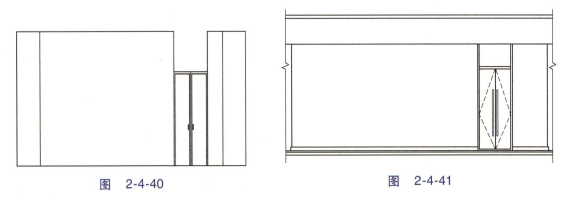

图　2-4-40　　　　　　　　　　　　图　2-4-41

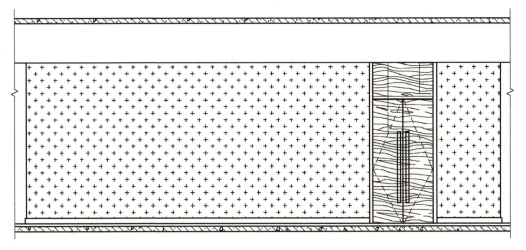

图　2-4-42

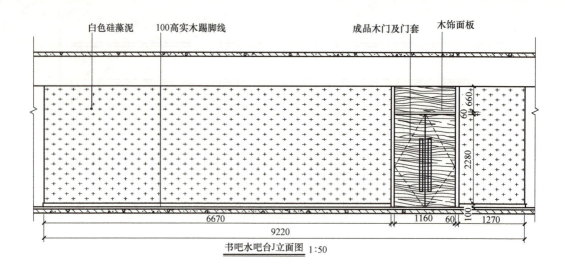

白色硅藻泥　　100高实木踢脚线　　　　　成品木门及门套　　木饰面板

书吧水吧台J立面图　1:50

图　2-4-43

图 2-4-43 是某书吧水吧台 J 立面完成图，请使用所学操作方式来绘制。

12）书吧客户休闲茶水区 O 立面图，运用学过的绘制方法生成书吧客户休闲茶水区 O 立面外框，生成书吧客户休闲茶水区 O 立面外框后，把不需要的部分修剪，进行装饰绘图。先描绘出家具的模型位置，再进行家具填充，最后进行尺寸、材料、家具和图名的标注，完成书吧客户休闲茶水区 O 立面，如图 2-4-44 ~ 图 2-4-47 所示。

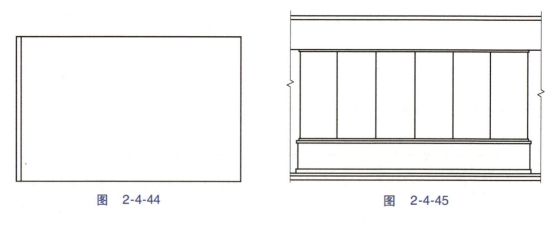

图　2-4-44　　　　　　　　　　　　图　2-4-45

图 2-4-47 是某书吧客户休闲茶水区 O 立面完成图，请使用所学操作方式来绘制。

13）书吧客户休闲茶水区 P 立面图，运用学过的绘制方法生成书吧客户休闲茶水区 P 立面外框，生成书吧客户休闲茶水区 P 立面外框后，把不需要的部分修剪，进行装饰绘图。先描绘出家具的模型位置，再进行家具填充，最后进行尺寸、材

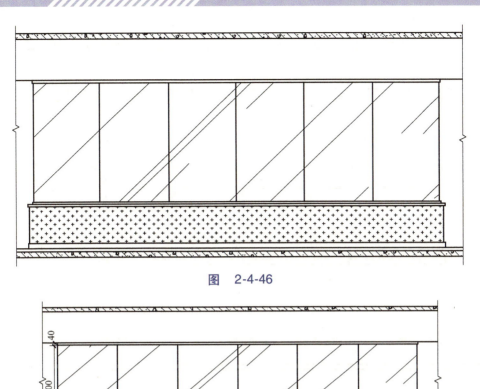

图 2-4-46

<u>书吧客户休闲茶水区O立面图</u> 1:50

图 2-4-47

料、家具和图名的标注，完成书吧客户休闲茶水区 P 立面，如图 2-4-48～图 2-4-51 所示。

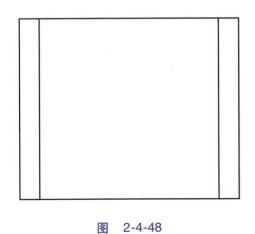

图 2-4-48

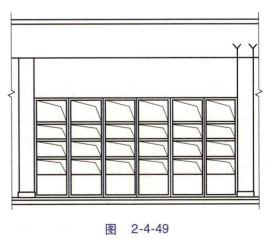

图 2-4-49

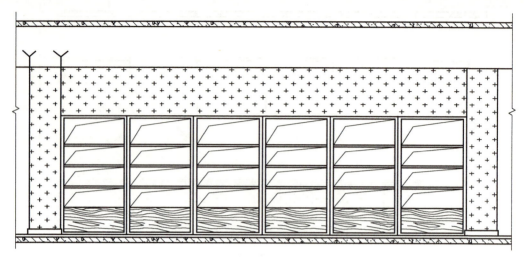

图   2-4-50

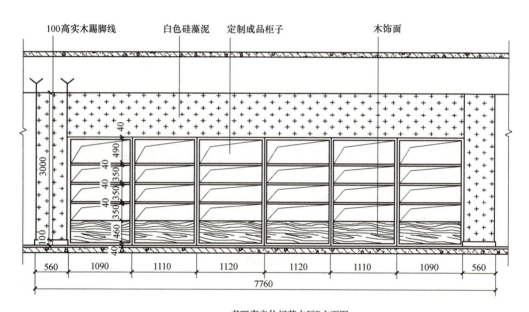

书吧客户休闲茶水区P立面图 1:50

图   2-4-51

图 2-4-51 是某书吧客户休闲茶水区 P 立面完成图，请使用所学操作方式来绘制。

14）书吧水景 W 立面图，运用学过的绘制方法生成书吧水景 W 立面外框，生成书吧水景 W 立面外框后，把不需要的部分修剪，进行装饰绘图。先描绘出家具的模型位置，再进行家具填充，最后进行尺寸、材料、家具和图名的标注，完成书吧水景 W 立面，如图 2-4-52～图 2-4-55 所示。

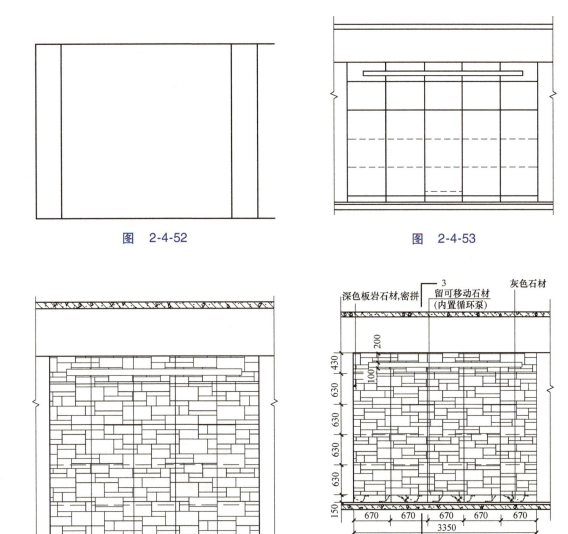

图 2-4-52

图 2-4-53

图 2-4-54

图 2-4-55

深色板岩石材,密拼　3 留可移动石材　灰色石材
(内置循环泵)

200
430
1007
630
630
630
150
670　670　670　670　670
3350
3

书吧水景W立面图 1:50

图 2-4-55 是某书吧水景 W 立面完成图，请使用所学操作方式来绘制。

15）书吧 1—1 剖面图，选择要剖的立面墙体，把不需要的部分修剪，添加剖面墙体，再进行剖面龙骨和挂件的绘制，最后进行尺寸、材料、家具和图名的标注，完成书吧 1—1 剖面图，如图 2-4-56~图 2-4-59 所示。

图 2-4-59 是某书吧 1—1 剖面图完成图，请使用所学操作方式来绘制。

16）书吧 2—2 剖面图，选择要剖的立面墙体，把不需要的部分修剪，再进行剖面龙骨和挂件的绘制，最后进行尺寸、材料、家具和图名的标注，完成书吧 2—2 剖面图，如图 2-4-60~图 2-4-63 所示。

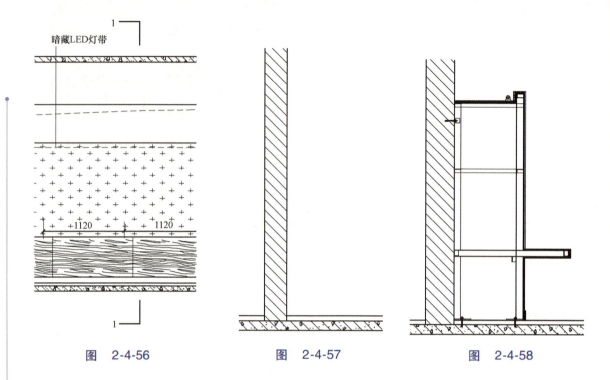

图　2-4-56　　　　　　图　2-4-57　　　　　　图　2-4-58

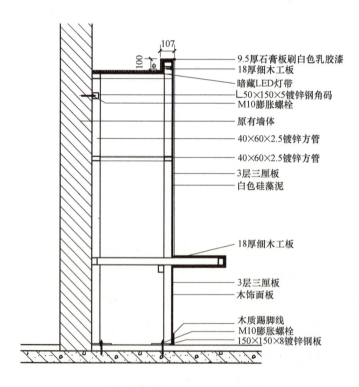

9.5厚石膏板刷白色乳胶漆
18厚细木工板
暗藏LED灯带
L50×150×5镀锌钢角码
M10膨胀螺栓
原有墙体
40×60×2.5镀锌方管
40×60×2.5镀锌方管
3层三厘板
白色硅藻泥

18厚细木工板

3层三厘板
木饰面板

木质踢脚线
M10膨胀螺栓
150×150×8镀锌钢板

剖面图 1—1　1:20

图　2-4-59

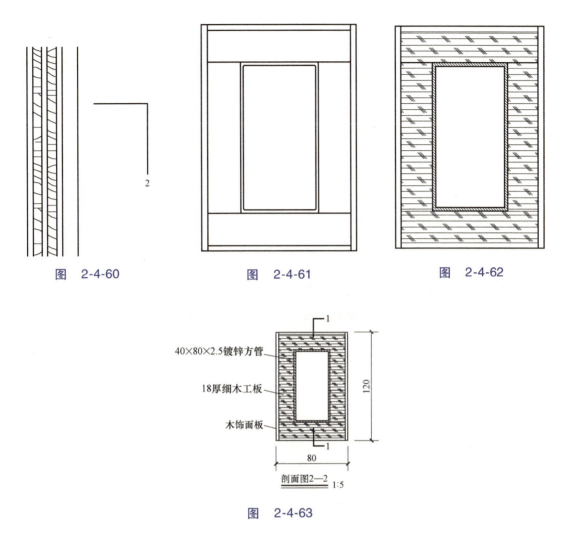

图 2-4-60   图 2-4-61   图 2-4-62

40×80×2.5镀锌方管

18厚细木工板

木饰面板

120

80

剖面图2—2 1:5

图 2-4-63

图 2-4-63 是某书吧 2—2 剖面图完成图，请使用所学操作方式来绘制。

17）书吧 3—3 剖面图，3—3 剖面是 1：1 剖面，先绘画出结构顶板、结构地板和墙，再进行剖面龙骨和挂件的绘制，最后进行尺寸、材料、家具和图名的标注，完成书吧 3—3 剖面图，如图 2-4-64～图 2-4-66 所示。

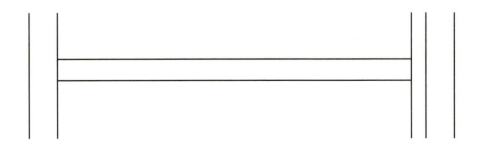

图 2-4-64

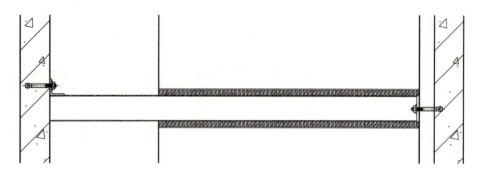

图 2-4-65

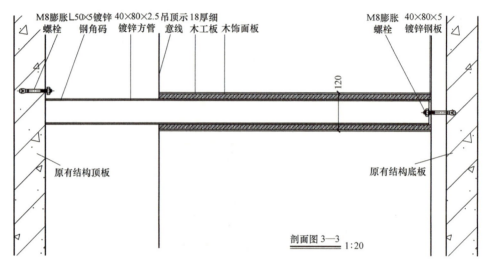

图 2-4-66

图 2-4-66 是某书吧 3—3 剖面图完成图，请使用所学操作方式来绘制。